지은이	이광연 · 이윤경
펴낸이	박문규
펴낸곳	경문사
등 록	1979년 11월 9일 제9-9호
주 소	121-818, 서울시 마포구 동교동 184-17
전 화	(02)332-2004 팩스 (02)336-5193
이메일	kms2004@kyungmoon.com
홈페이지	www.kyungmoon.com

초판 1쇄 인쇄 2005년 9월 9일
초판 1쇄 발행 2005년 9월 15일

ⓒ 이광연 · 이윤경, 2005
ISBN 89-7282-861-0 03840
*책 값은 뒤표지에 있습니다.

이광연·이윤경 지음

경문사

머리말

수학을 왜 공부하느냐고 물으면 대다수 학생들은 대학에 가기 위해서라고 주저 없이 대답한다. 학생들은 수학을 따분하고 실생활과 별로 관계없지만, 좋은 대학에 가기 위한 수단으로 생각하는 것이다. 그러다 보니 학생들은 수학이라는 말만 들어도 골치가 아프고, 학년이 올라갈수록 점점 더 접근하기 어려운 과목으로 여긴다.

오랫동안 교육 현장에서 수학을 가르치고 있는 저자로서는 실로 안타까운 일이 아닐 수 없었다. 결국 학생들의 이런 생각을 바꾸어줄 필요가 있다는 것을 절실하게 깨닫고, 교육자로서 막중한 책임감을 느끼게 되었다. 더욱이 쉽게 이해하고 해결할 수 있는 문제인데도 불구하고 많은 학생들이 작은 실수 때문에 수학을 점점 더 어려운 과목으로 생각한다는 것을 알게 되었다. 만약 자주 범하는 작은 실수를 줄일 수 있다면 학생들은 수학이라는 과목에 좀더 자신감을 가지고 공부할 수 있을 것이다.

수학은 논리의 학문이므로 중간 과정을 잘못 이해하거나 아주 사소한 실수라도 하게 되면 결과는 전혀 엉뚱한 것이 되고 만다. 과목의 특성상 어렵고 난해한 부분이 있을 수 있고, 중간 과정을 잘못 이해하는 경우도 있을 수 있다. 이런 경우는 충분한 지도와 노력으로 좋은 결과를 얻을 수 있다. 하지만 사소한 실수로 인한 결과는 크게는 수학을 잘하던 학생들조차 자신의 실력을 의심하여 스스로 수학을 포기하는 지경에 이르게 할 수 있고, 작게는 성적에 많은 영향을 줄 수 있다.

복잡하고 어려운 수학적 지식과 이해 부족에서 오는 수학에 대한 거부감은 어쩌면 당연한 것으로 수학을 담당하고 있는 저자로서도 해결하기 어려운 것이다. 하지만 학생들의 엉뚱하고 사소한 실수로 인한 심각한 결과는 약간의 조언과 간단한 수학적 방법만 알려준다면 얼마든지 극복할 수 있다. 이 책을 쓰게 된 가장 큰 이유가 바로 여기에 있다. 그래서 학생들이 실수하기 쉬운 부분들을 모아 정리해, 수학을 공부하는 데 많은 도움이 될 수 있도록 했다. 학생들이 쉽고 재미있게 이런 실수를 극복할 수 있게 하기 위한 가장 좋은 방법은 생활 속에서 직접 경험하게 되는 다양한 이야기를 통하여 수학 문제를 접하게 하는 것이다. 그래서 이 책을 읽게 될 독자들과 같은 또래로 민정이와 정민이를 등장시키고, 민정이의 일기를 통하여 자연스럽게 수학을 접할 수 있게 했다.

이 책에서는 중학교 생활과 연관된 수학 문제를 학생들이 틀리기 쉬운 부분을 중심으로 다음과 같은 것에 주안점을 두었다.

- **첫째**, 학생들의 실제 생활 속에서 수학적 소재를 찾아내어 수학이 실생활과 밀접한 관계가 있다는 것을 알려주었다.
- **둘째**, 여러 해 동안 수학을 가르치는 동안 중요한 내용임에도 불구하고 학생들이 틀리기 쉬운 문제를 유출하였다.
- **셋째**, '나의 풀이'를 통하여 많은 학생들이 실수하는 대표적인 사례를

소개하였다. 그리고 주어진 문제에 대한 올바른 풀이를 꼭지 맨 뒤에 제시하여, 실수를 줄일 수 있게 하였다.

넷째, 주어진 수학적 내용 중에서 학생들이 반드시 알아야 하는 가장 중요한 점이 무엇인지를 제시하였다.

다섯째, 본문에서는 그 꼭지에 맞는 내용을 상세히 정리하여 기본 개념을 충실히 익히고, 실수를 줄일 수 있게 하였다.

이외에도 중간 중간에 수학에 관한 재미있는 이야기나 퍼즐을 '쉬어가기'로 묶어 지루함을 덜어주고자 하였다. 또한 '7-가'의 내용부터 '9-나'의 내용까지 차례대로 편집하여 독자 스스로 자신의 약점을 쉽게 찾아서 읽을 수 있게 하였다. 그러나 어느 부분을 먼저 읽더라도 수학 지식과 수학에 관련된 재미있는 이야기를 얻을 수 있으므로 반드시 처음부터 읽지 않아도 된다.

아무쪼록 독자들이 이 책을 통하여 닫혀 있던 수학의 문을 활짝 열 수 있기를 기대한다.

끝으로 이 책이 나오기까지 여러 가지로 도와주신 경문사 편집부에게 감사의 말씀을 드린다.

차례

- 10 첫 시험   7-가, 계산의 순서
- 16 $\frac{1}{2} + \frac{1}{3} = \frac{2}{5}$ 일까?   7-가, 분수의 덧셈과 뺄셈
- 22 케이크 나눠 먹기   7-가, 분수의 곱셈과 나눗셈
- 30 벼락치기는 싫어   7-가, 집합
- 39 쉬어가기

- 42 식탁보 만들기   7-가, 최대공약수와 최소공배수
- 50 지금은 10101세기라고!   7-가, 십진법과 이진법
- 58 마이너스가 두 개면 플러스?   7-가, 정수와 유리수
- 64 할아버지의 밭   7-가, 문자와 식
- 69 쉬어가기

72 내가 빵점을⋯ 7-가, 등식의 성질
78 기말고사 문제는? 7-가, 일차방정식의 활용
84 공짜는 언제나 좋아 7-가, 정비례
90 청소당번 7-가, 반비례
95 쉬어가기

96 난 어디쯤일까? 7-나, 도수분포표와 평균
104 놀이동산에서 7-나, 원과 부채꼴
110 백구야 사랑해 7-나, 부채꼴의 넓이
116 두루마리 휴지의 비밀 7-나, 회전체의 겉넓이
124 쉬어가기

126 나는 청개구리 8-가, 순환소수의 분수표현
134 어려운 친구를 도웁시다 8-가, 연립방정식
142 오늘은 체육대회 8-가, 일차부등식
150 축제는 즐거워 8-가, 연립부등식
156 쉬어가기

158 알까기 8-가, 일차함수

166 왜 틀렸을까? 7-나, 삼각형의 닮음

174 찍지 말고 공부하자 8-나, 확률

182 초코파이는 빵이 아니다 8-나, 명제와 증명

189 쉬어가기

---

192 경찰관 아저씨의 위치는? 8-나, 삼각형의 외심

198 방학 숙제 9-가, 제곱근

204 나는 계산기 9-가, 곱셈공식과 인수분해

210 아빠의 생신 선물 9-가, 이차방정식

217 쉬어가기

---

221 돌고래 쇼! 9-가, 이차함수

228 수학을 강조하시는 엄마 9-나, 상관도

234 피타고라스가 나를 괴롭혀 9-나, 피타고라스의 정리

242 눈 쌓인 겨울나무 9-나, 삼각비

250 쉬어가기

7-가 계산의 순서

첫 시험

늘 그렇지만 새로운 학년을 시작한다는 것은 항상 설렌다. 새로운 교실, 새로운 책, 그리고 새로운 선생님.

다 마음에 들지만 내게 공부는 여전히 어렵기만 하다. 그렇지만 새로운 반에서 나는 나와 이름이 비슷한 정민이를 알게 되어 좋았다. 앞으로 좋은 친구가 될 것 같은 느낌이다.

어쨌든 오늘은 중학생이 되어 처음 수학 시험을 보는 날이다. 과연 우리 반 아이들의 수학 실력은 어느 정도일까?

난 시험지를 받아들고 열심히 문제를 풀었다. 첫 번째 문제는 비교적 간단한 문제였기 때문에 나는 아무 어려움 없이 주어진 문제를 차례대로 풀었다.

그러나 시험 성적이 발표되자 나는 깜짝 놀랐다. 쉽다고 생각했던 문제를 틀렸기 때문이다. 다행히도 선생님께서 친절히 설명해주셨다.

 다음을 계산하여라.

$10-\{4\times(6-2^2)\div 2-4\}$

 $10-\{4\times(6-2^2)\div 2-4\}=10-(24-4\div 2-4)$

$=10-(24-2-4)=10-18=-8$

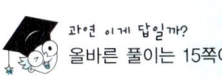 과연 이게 답일까? 올바른 풀이는 15쪽에

 $4\times(6-2^2)$의 계산은 다음의 2가지 방법으로 할 수 있다.
첫째, 괄호 안을 먼저 계산하여 $4\times(6-4)=4\times 2=8$
둘째, 분배법칙을 이용하여 $4\times 6-4\times 4=24-16=8$
이때 주의할 점은 곱하는 수 4를 괄호 안에 있는 두 수 6과 2^2에 각각 곱해야 한다는 것이다.

계산에도 순서가 있다

주어진 문제와 같이 한 식에 덧셈과 뺄셈 그리고 곱셈과 나눗셈이 혼합되어 있을 경우, 아이들은 계산의 규칙을 무시하고 앞에서부터 차례대로 푸는 경우가 있다.

사칙연산들이 혼합되어 있는 식을 계산하려면 곱셈과 나눗셈을 덧셈과 뺄셈보다 먼저 계산해야 한다. 곱셈은 반복적인 덧셈을 피하기 위하여 기호 ×를 사용한다. 예를 들어 2×3은 2를 3번 연속해서 더하라는 뜻이다. 즉, $2 \times 3 = 2+2+2$이다. 그러므로 여러 개의 덧셈식이 겹쳐 있다고 할 수 있는 곱셈은 덧셈과 뺄셈보다 먼저 해야 한다. 나눗셈의 경우에는 곱셈의 역이기 때문에 곱셈과 마찬가지로 덧셈과 뺄셈보다 먼저 계산한다. 예를 들어, 식 $1+2 \times 3-4 \div 5$의 계산을 하는데, 각 연산의 성질을 생각하지 않고 앞에서부터 계산하면 다음과 같은 결과가 나온다.

그러나 곱셈과 나눗셈을 덧셈과 뺄셈보다 먼저 한다고 했으므로, 주어진 규칙에 따라서 바르게 계산하면 다음과 같다.

하지만 맨 앞의 문제에서는 괄호가 있기 때문에 $(6-2^2)$을 먼저 계산한 후 곱셈과 나눗셈, 그리고 덧셈과 뺄셈의 차례대로 계산을 해야 한다. 수학에서는 연산을 할 때 일정한 순서를 미리 정해놓았다. 즉, 다음과 같은 순서대로 계산을 해야 한다.

① 거듭제곱이 있으면 거듭제곱을 먼저 계산한다.

예를 들어 $1 + 2^2$의 경우 거듭제곱인 $2^2 = 4$을 먼저 계산하여 $1 + 2^2 = 5$와 같이 풀어야 한다. 만약, 거듭제곱 대신 덧셈을 먼저 계산하면 $1 + 2^2 = 3^2 = 9$와 같은 엉뚱한 답을 얻게 되기 때문이다.

② ( ) → { } → [ ]의 순서로 괄호 안을 먼저 계산한다.

다음의 예를 살펴보자.

$2 \times [(-3) \div \{(2-1)+2\}]$

$= 2 \times [(-3) \div \{1+2\}]$

$= 2 \times [(-3) \div 3]$

$= 2 \times (-1)$

$= -2$

여기서 만약 괄호의 순서를 무시하고 풀면 엉뚱한 답이 나올 수 있으므로 주의해야 한다.

③ 곱셈과 나눗셈을 덧셈과 뺄셈보다 먼저 계산한다.

위와 같은 계산의 순서에 따라 계산을 하면서도 간혹 괄호 앞에 −가 있을 경우 뒤의 −4 앞에 −를 붙여서 −(−4)=4로 계산하는 것을 잊는 학생이 많다. 사소한 실수지만 이런 실수가 쌓여서 실력이 떨어지는 것이므로 주의해서 계산해야 한다.

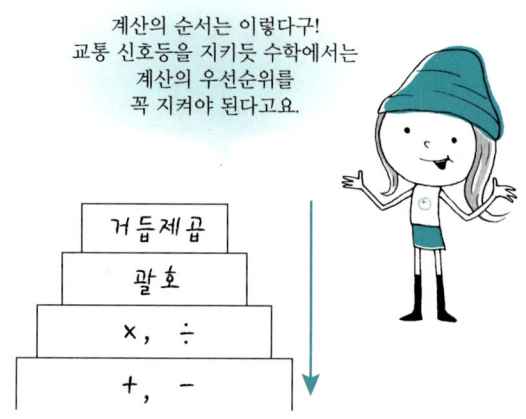

이제, 이 규칙으로 주어진 문제를 올바르게 계산하면 다음과 같다.

$10-\{4\times(6-2^2)\div2-4\}$ 　거듭제곱을 먼저 계산한다.

$=10-\{4\times(6-4)\div2-4\}$ 　괄호 ( ) 안을 계산한다.

$=10-\{4\times2\div2-4\}$ 　곱셈과 나눗셈을 주어진 순서대로 계산한다.

$=10-0$ 　덧셈과 뺄셈을 주어진 순서대로 계산한다.

$=10$

오늘 수학시간에 나는 도무지 이해가 되지 않는 분수의 덧셈을 선생님께 질문하였다.

"선생님! $\frac{1}{2}+\frac{1}{3}=\frac{2}{5}$ 아닌가요? 더하기는 그냥 더하면 되잖아요?"

선생님께서는 아주 난처한 얼굴로 나를 쳐다보시다가

"민정이는 정수의 덧셈은 잘하지만 분수의 덧셈은 약간 혼동이 되는가 보구나."

하셨다. 그리고

"그럴 수도 있는 것이 분수의 덧셈이나 뺄셈에서 분모는 분모끼리 그리고 분자는 분자끼리 더하거나 빼면 왜 안 되는지 얼핏 보기에는 이해되지 않을 수 있겠구나."

하시며 자세히 설명해주셨다.

다음을 계산하여라.
(1) $\frac{1}{2} + \frac{1}{3}$ (2) $\frac{1}{2} - \frac{1}{3}$

(1) $\frac{1}{2} + \frac{1}{3} = \frac{1+1}{2+3} = \frac{2}{5}$

(2) $\frac{1}{2} - \frac{1}{3} = \frac{1-1}{2-3} = \frac{0}{-1} = 0$

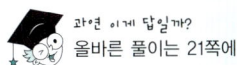
과연 이게 답일까?
올바른 풀이는 21쪽에

분수의 덧셈과 뺄셈을 할 때는 반드시 통분을 해야 한다. 위의 경우에는 통분을 하지 않고 분모는 분모끼리 분자는 분자끼리 계산을 했기 때문에 틀린 것이다.

17

분수의 덧셈과 뺄셈은 통분으로

앞의 문제에 대한 민정이의 풀이를 보면 덧셈과 뺄셈의 경우 모두에서 분모는 분모끼리 더하거나 빼고 분자는 분자끼리 더하거나 뺐다. 하지만 분수의 개념을 정확히 알면 이 문제는 의외로 간단해진다.

우선 $\frac{1}{2}$은 '하나를 둘로 나누었을 때의 하나'를 뜻하고, $\frac{1}{3}$은 '하나를 셋으로 나누었을 때의 하나'이다.

어쨌든 이런 문제를 확실히 이해하기 위하여 두꺼운 종이와 컴퍼스를 준비하고 다음과 같이 해보자.

먼저 반지름이 일정한 원 세 개를 두꺼운 종이에 그리고 이것들을 오려낸다. 그리고 그 중 한 원을 반으로 나누어 $\frac{1}{2}$을 만들고, 또 다른 하나를 3등분한 후 한 개를 택하여 $\frac{1}{3}$을 만들자. 그리고 나머지 한 원을 6등분하여 오려놓는다.

원을 각각 2등분, 3등분, 6등분을 하면 이렇게 된다구.

이제, 6등분된 원의 조각들을 각각 $\frac{1}{2}$과 $\frac{1}{3}$ 위에 포개보자. 그러면 $\frac{1}{2}$에는 3개가 포개지고, $\frac{1}{3}$ 위에는 2개가 포개진다. 즉, 다음 그림과 같은 결과를 얻는다.

빼기의 경우도 덧셈과 마찬가지로 앞에서 잘라놓은 여섯 조각을 이용하면 다음 그림과 같은 결과를 얻을 수 있다.

분수의 덧셈과 뺄셈은 앞에서 그림을 이용하여 알아본 것과 같이 분모를 같은 수로 바꾸어서 계산해야 한다. 두 분수의 분모를 같은 수로 만들기 가장 쉬운 방법은 우선 두 분모를 곱한 다음 각각의 분자에도 그 분모에 곱했던 수를 곱하는 것이다. 이처럼 두 분수의 분모를 같게 만드는 것을 통분이라고 한다. 따라서 두 분수의 덧셈과 뺄셈은 분모를 같게 만드는 일, 즉 통분을 한 후에 계산해야 한다.

통분을 하는 일반적인 규칙은 다음과 같다.

분수의 덧셈과 뺄셈에서 다음과 같은 형태이면 계산이 더 간단하다. 왜냐하면 두 분수 중에서 한 개만 바꿔주면 되기 때문이다.

$$\frac{1}{2} + \frac{1}{4} = \frac{1 \times 2}{2 \times 2} + \frac{1}{4} = \frac{2}{4} + \frac{1}{4} = \frac{3}{4}$$

앞에서 알려준 계산 규칙으로 여러 가지 경우의 분수에 대하여 충분한 연습이 필요하다. 따라서 여러분들은 반드시 연습을 하고 다음으로 넘어가기 바란다.

앞에서 배운 규칙을 이용하여 위에서 주어진 문제를 올바르게 풀면 다음과 같다. 물론 이 경우에도 계산의 순서를 잘 지켜야 한다.

> 분수의 덧셈과 뺄셈은 반드시 통분을 해야 한다!
>
> (1) $\frac{1}{2} + \frac{1}{3} = \frac{1 \times 3}{2 \times 3} + \frac{1 \times 2}{3 \times 2} = \frac{1 \times 3 + 1 \times 2}{2 \times 3} = \frac{5}{6}$
>
> (2) $\frac{1}{2} - \frac{1}{3} = \frac{1 \times 3}{2 \times 3} - \frac{1 \times 2}{3 \times 2} = \frac{1 \times 3 - 1 \times 2}{2 \times 3} = \frac{1}{6}$

7-가
분수의 곱셈과 나눗셈

케이크 나눠 먹기

나는 언제나 배가 고프다. 그런 나를 보고 엄마께서는

"뱃속에 거지가 들었니?"

라고 하시며 며칠 전 동생 정범이의 생일에 먹다 남겨놓은 케이크 조각을 주셨다. 정범이와 내가 막 케이크를 먹으려고 하는데,

"딩동~~~" 초인종이 울렸다.

"누구세요?"

"나야."

나의 단짝 친구인 정민이가 놀러왔다. 결국 케이크 조각을 나와 정민이 그리고 정범이가 똑같이 나누어 먹기로 하였다. 그래서 케이크를 똑같이 자르고 나니 문득 "내가 가진 케이크 조각이 원래 케이크에 대하여 몇 분의 몇일까?"라는 궁금증이 들었다. 그렇지만 케이크를 먹다보니 그런 궁금증은 모두 없어졌다.

과연 나는 맛있는 케이크를 얼마나 먹은 것일까?

 다음을 계산하여라.

(1) $\dfrac{1}{4} \div 3$ (2) $\dfrac{1}{4} \div \dfrac{1}{3}$

 (1) $\dfrac{1}{4} \div 3 = \dfrac{1 \div 3}{4} = \dfrac{3}{4}$ (2) $\dfrac{1}{4} \div \dfrac{1}{3} = \dfrac{1 \div 1}{4 \div 3} = \dfrac{1}{\dfrac{4}{3}} = \dfrac{4}{3}$

 과연 이게 답일까?
올바른 풀이는 29쪽에

 분수의 나눗셈은 뒤에 오는 수의 역수를 곱하기 때문에 학생들이 헷갈려하는 것 중 하나이다. 분수의 곱셈의 경우에는 분모는 분모끼리 분자는 분자끼리 곱하면 되지만 나눗셈의 경우에는 뒤에 오는 수의 역수를 앞의 수에 곱해야 한다.

23

분수의 나눗셈은 역수를 곱한다

분수의 곱셈은 아주 간단하기 때문에 대부분의 학생들은 문제를 잘 해결한다. 예를 들어

$$\frac{1}{3} \times \frac{1}{2} = \frac{1 \times 1}{3 \times 2} = \frac{1}{6}$$

과 같이 분수의 곱셈은 분모는 분모끼리 분자는 분자끼리 곱하면 된다. 여기서는 분수의 곱셈에 흥미를 느낄 수 있게 하기 위한 재미있는 놀이를 알아보자. 이 놀이를 하기 위해서는 직사각형 모양의 종이가 필요하다.

먼저, 종이로 분수를 나타내보자.

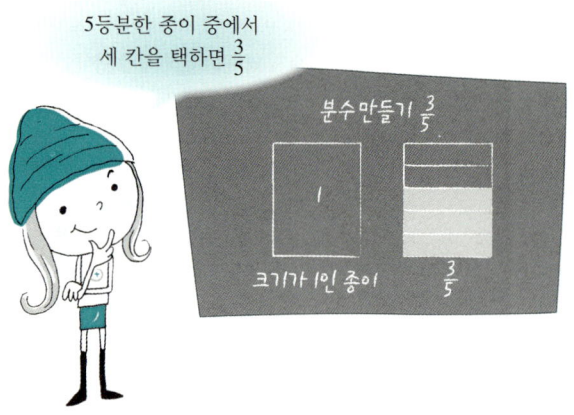

5등분한 종이 중에서 세 칸을 택하면 $\frac{3}{5}$

그림과 같이 종이 한 장의 크기를 1이라고 하면 $\frac{3}{5}$은 이 종이를 5등분으로 접어서, 접혀진 부분 중에서 3칸만 선택한 것과 같다. 이와 같이 분모가 분자보다 큰 진분수는 종이접기로 모두 나타낼 수 있다.

분자가 더 큰 가분수도 종이접기로 나타낼 수 있을까? 물론 있다. 예를 들어 $\frac{5}{4}$를 나타내려면, 종이 한 장의 크기를 2라고 가정해야 한다. 그러면 그 반을 접은 크기는 1이 될 것이고, 크기가 1인 접힌 종이를 다시 똑같은 폭으로

4등분으로 접어서 편다. 그러면 종이는 모두 8등분 되는데, 원래 종이의 크기가 2이므로 이 중에서 다음 그림과 같이 5칸을 선택하면 우리가 원하는 $\frac{5}{4}$를 나타낼 수 있다. 이와 같은 방법으로 모든 분수를 표현할 수 있다.

여기까지 모두 따라했다면 여러 가지 다른 분수도 접어보자.

이제 분수의 종이접기가 익숙해졌다면 이를 이용한 분수와 분수의 곱셈을 알아보자.

두 분수의 곱셈 $\frac{2}{3} \times \frac{1}{3}$을 종이접기를 이용하여 계산하는 방법을 알아보면 다른 경우도 마찬가지로 할 수 있을 것이다. 우선 한 장의 종이를 준비하고, 이 종이의 크기를 1이라고 하자. 그러면 $\frac{2}{3}$는 종이를 그림과 같이 3등분으로 접은 후 2칸을 선택한 것과 같다. 이제 $\frac{2}{3}$로 접혀진 종이를 다시 3등분으로 접어서 $\frac{1}{3}$에 해당하는 한 면에 색칠을 해두자. 그런 다음 종이를 펼치면 모두 9칸으로 접혀져 있고, 그 중에서 색칠된 부분은 2칸이 된다. 따라서 $\frac{2}{3} \times \frac{1}{3} = \frac{2}{9}$임을 알 수 있다.

이번에는 $\frac{2}{3} \times \frac{5}{4}$와 같이 가분수의 곱셈을 해보자.

앞에서와 마찬가지로 가분수의 경우에는 그 분수의 크기에 맞게 종이의 크기를 선택해야 한다. 여기서는 $\frac{5}{4}$가 1보다 크고 2보다 작으므로 종이 한 장의 크기를 2라고 하자. 그러면 다음 그림과 같이 종이접기를 이용하여 $\frac{2}{3} \times \frac{5}{4} = \frac{10}{12}$를 얻을 수 있다. 이 경우 처음에 주어진 종이의 크기가 2이고, 접혀진 구간의 개수는 모두 24개이다. 따라서 종이 한 장의 크기는 1이고 12개 칸인데, 그 중 색칠된 부분은 10개임을 알 수 있다.

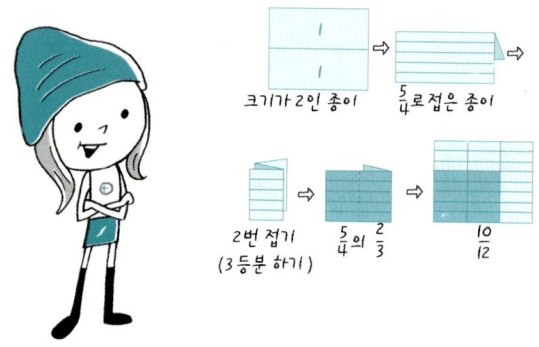

이제 분수에다 정수를 곱하는 경우를 생각해보자. 예를 들어, 한 명이 간식으로 케이크 $\frac{1}{4}$ 조각이 필요하다면, 3명일 때 케이크는 얼마나 필요할까? 답은 아주 간단하다. 즉, 다음 식에서와 같이 분수에 정수를 곱하려면 분자에 곱하면 된다.

$$\frac{1}{4} \times 3 = \frac{1 \times 3}{4} = \frac{3}{4}$$

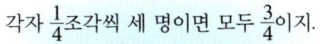

그렇다면 케이크 $\frac{1}{4}$ 조각을 3명이 나누어 먹으려면 어떻게 해야 할까? 또 $\frac{1}{4}$ 을 $\frac{1}{3}$ 로 나누면 어떻게 될까?

분수를 정수로 나누는 경우는 비교적 간단히 설명할 수 있다. 위와 같은 경우는 케이크 $\frac{1}{4}$ 조각을 3명이 나누어 먹는 것과 같으므로 그림과 같이 케이크를 나누면 각각의 조각은 $\frac{1}{12}$ 이 된다.

이 경우에는 분모에 정수를 곱해주면 $\frac{1}{4} \div 3 = \frac{1}{4 \times 3} = \frac{1}{12}$이므로 결과적으로 케이크 $\frac{1}{4}$조각을 3으로 나눈다고 생각하면 된다. 즉 $\frac{1}{3}$을 곱한다고 생각하면 다음과 같다는 것을 쉽게 알 수 있다.

$$\frac{1}{4} \div 3 = \frac{1}{4} \times \frac{1}{3} = \frac{1}{12}$$

그러나 분수를 분수로 나누는 경우는 좀 복잡하다. 분수를 분수로 나누는 것을 알아보기 전에 나눗셈에 대한 정확한 이해가 필요하다. 예를 들어 6 ÷ 2는 '6 속에 2가 몇 번 들어가는가?' 를 묻는 것이다. 이런 이해를 바탕으로 먼저 정수 나누기 분수의 꼴인 $1 \div \frac{1}{3}$를 계산하는 방법을 알아보자. 나눗셈에 대하여 앞에서 설명한 것으로부터 $1 \div \frac{1}{3}$은 '1 속에 $\frac{1}{3}$이 몇 번 들어가는가?' 이다.

즉, 다음 그림과 같이 1 속에는 $\frac{1}{3}$이 3번 들어갈 수 있다. 따라서 $1 \div \frac{1}{3} = 3$이고, 이것은 $\frac{1}{3}$의 역수* 3을 1에 곱하여 $1 \times 3 = 3$과 같이 계산한 것과 같은 결과이다.

정수 나누기 분수의 꼴이 이해가 되었다면 분수를 분수로 나누는 경우를 생각해보자. 먼저, $\frac{1}{2} \div \frac{1}{3}$을 생각해보자. 이 경우는 $\frac{1}{2}$ 속에 $\frac{1}{3}$이 몇 번 들어가는가를 알아보는 것이다. 다음 그림에서 알 수 있듯이 $\frac{1}{2}$ 속에는 $\frac{1}{3}$이 1번 들어가고 $\frac{1}{3}$의 반이 더 들어간다. 즉, $\frac{1}{2}$ 속에는 $\frac{1}{3}$이 '1과 $\frac{1}{2}$' 이 들어갈 수 있다. 따라서 $\frac{1}{2} \div \frac{1}{3} = 1 + \frac{1}{2} = \frac{3}{2}$이다.

*두 수의 곱이 1이 될 때, 한 수를 다른 수의 역수라고 한다. 즉, 0이 아닌 수 a에 대하여 $a \times \frac{1}{a} = 1$이므로 a의 역수는 $\frac{1}{a}$이고, $\frac{1}{a}$의 역수는 a이다. 예를 들면, 5의 역수는 $\frac{1}{5}$이고, $\frac{1}{5}$의 역수는 5이다.

그런데 $\frac{1}{2} \div \frac{1}{3} = \frac{3}{2} = \frac{1}{2} \times 3$과 같다. 즉, 이 경우에도 $\frac{1}{3}$의 역수 3을 $\frac{1}{2}$에 곱하는 것과 같다.

따라서 앞에서 주어진 $\frac{1}{4} \div \frac{1}{3}$의 계산은 다음과 같다.

$$\frac{1}{4} \div \frac{1}{3} = \frac{1}{4} \times 3 = \frac{3}{4}$$

그러므로 분수를 분수로 나누는 경우, 두 번째 분수의 역수를 구하여 곱하는 것과 같다. 이를 공식으로 정리하면 다음과 같다.

분수와 분수의 곱셈: $\frac{a}{b} \times \frac{c}{d} = \frac{a \times c}{b \times d}$

분수와 분수의 나눗셈: $\frac{a}{b} \div \frac{c}{d} = \frac{a}{b} \times \frac{d}{c} = \frac{a \times d}{b \times c}$

위의 공식을 이용하여 앞에서 주어진 문제를 올바르게 풀면 다음과 같다.

> 분수의 나눗셈은 뒤에 오는 수의 역수를 곱하여 계산한다.
>
> (1) $\frac{1}{4} \div 3 = \frac{1}{4} \times \frac{1}{3} = \frac{1}{12}$
>
> (2) $\frac{1}{4} \div \frac{1}{3} = \frac{1}{4} \times \frac{3}{1} = \frac{3}{4}$

7-가
집합

벼락치기는 싫어

며칠 전부터 밤 늦도록 공부를 하고 있다. 왜냐하면 바로 오늘부터 1학기 중간고사가 시작되기 때문이다.

그런데 하필이면 시험 첫 날 첫 시간이 수학 시험이라니…

오, 신이시여! 정녕 저희를 시험에 들게 하시나이까?

하지만 내가 누구인가? 난 수학만은 자신 있는 민정이다.

아침에 기분 좋게 학교에 가서 정민이와 시험에 나올 만한 문제를 마지막으로 풀어보고 있었다. 그 중에는 이미 선생님께서 평소에 무척 강조하시던 문제도 포함되어 있었다.

"정민아. 이 문제는 꼭 나올 것 같지?"

"응. 선생님께서 그렇게 강조하셨는데 꼭 나오겠지. 난 이 문제만 열 번은 풀었어."

드디어 시험 시작. 수학 시험지를 보니 선생님께서 강조하시던 내용의 문제가 1번과 2번에 나왔다. 그래서 자신 있게 풀었다.

그날 오후, 선생님께서는 수학문제 중에서 1번 또는 2번 문제를 틀린 학생이 28명이었는데, 1번 문제는 19명이 틀렸고 2번 문제는 17명이 틀렸다고 하셨다. 설마 나는 아니겠지?

위의 내용에서 1번 문제만 틀린 친구는 몇 명일까?

1번 문제를 틀린 학생의 집합을 A

2번 문제를 틀린 학생의 집합을 B라 하면

1번 문제만 틀린 학생의 집합은 A−B이다.

$n(A) = 19$, $n(B) = 17$이므로 $n(A-B) = 19 - 17 = 2$

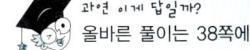
과연 이게 답일까?
올바른 풀이는 38쪽에

이 문제는 집합에 관한 대표적인 문제 유형인데 의외로 틀리는 경우가 많다. 위의 문제는 차집합의 개념을 알고 있는지 확인하기 위한 것이다. 즉, $A - B = A \cap B^C$이다.

대상을 정확히 알 수 있는 것들의 모임이 집합이다

'우리 반 친구들의 모임'이나 '5보다 큰 자연수의 모임'과 같이 어떤 주어진 조건에 의하여 그 대상을 분명하게 알 수 있는 것들의 모임을 집합이라고 한다. 그러나 '예쁜 여학생들의 모임' 또는 '키가 작은 사람들의 모임'과 같이 어떤 대상이 그 모임에 속하는지 속하지 않는지를 분명하게 구별할 수 없는 것들은 집합이 아니다. 집합을 이루고 있는 대상 하나하나를 그 집합의 원소라고 하고, 'a가 집합 A의 원소이다.' 또는 'a는 집합 A에 속한다.'는 것을 기호로 $a \in A$

기준이 모호한 것은 집합이 될 수 없군.

예쁜 아이들의 모임이 있다면 난 그 집합에 들어갈까?

와 같이 나타낸다. 또한 'b는 집합 A에 속하지 않는다'의 경우에는 '$\notin$'와 같은 기호를 사용하여 $b \notin A$로 나타낸다.

집합을 나타낼 때, 그 집합에 속하는 모든 원소를 { } 안에 나열하는 방법을 원소나열법이라고 한다. 이때, 원소를 나열하는 순서는 생각하지 않으며, 같은 원소를 중복하여 쓰지 않는다. 예를 들어 5 이하의 홀수의 집합을 원소나열법으로 나타내면 {1, 3, 5}이고, {1, 5, 3} 또는 {3, 5, 1} 등은 모두 같은 집합이다. 집합을 나타내는 또 다른 방법으로 조건제시법이 있는데, 이는 집합을 나타낼 때 그 집합의 원소들만이 가지는 공통된 성질을 제시하여 나타내는 방법이다. 예를 들어 $A=\{2, 4, 6, \cdots\}$은 짝수 전체의 집합이므로 이것을 조건제시법으로 $A=\{x \mid x$는 짝수$\}$와 같이 나타낼 수 있다. 조건제시법은 원소 사이에 일정한 규칙이 있을 때 사용할 수 있는데, 그 표현 방법은 다양하다. 위의 집합 $A=\{2, 4, 6, \cdots\}$을

조건제시법으로 A={x | x는 짝수}라고 했는데, 이를 A={x | x는 2의 배수}라고 나타내어도 된다.

경우에 따라서, 집합을 나타낼 때 그림을 이용하면 편리할 때가 있다. 예를 들어 두 집합 A={a, b, c, d}와 B={1, 2, 3}을 다음 그림과 같이 나타내기도 한다. 이와 같은 그림을 벤 다이어그램이라고 한다.

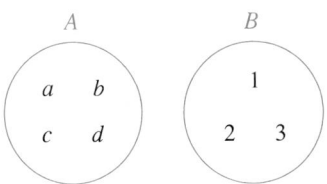

집합을 구별하는 한 가지 방법으로 그 집합의 원소의 개수를 가지고 유한집합과 무한집합으로 구별하기도 한다. 유한집합은 원소의 개수가 유한개인 경우이고, 무한집합은 원소의 개수가 무수히 많을 때이다. 예를 들어, A={x | x는 24의 약수}는 A={1, 2, 3, 4, 6, 8, 12, 24}로 원소의 개수가 유한개이므로 유한집합이다. 그러나 B={x | x는 2보다 큰 짝수}라 하면 B={4, 6, 8, …}이므로 무한집합이다. 한편 원소가 하나도 없는 집합도 있는데, 예를 들면 {x | x는 0보다 크고 2보다 작은 짝수}는 원소가 하나도 없다. 이런 경우도 집합으로 보고 이러한 집합을 공집합이라고 하며, 기호로 ϕ와 같이 나타내며 유한집합으로 생각한다.

일반적으로 유한집합 A의 원소의 개수를 기호로 n(A)와 같이 나타낸다. 그러면 $n(\phi)$=0이다.

집합 A={x | x는 10보다 작은 자연수}이고 집합 B={x | x는 10보다 작은 짝수}일 때, 집합 B의 원소는 2, 4, 6, 8이다. 그런데 집합 B의 모든 원소는 10보다 작은 자연수이므로 집합 A의 원소이기도 하다. 두 집합 A, B를 벤 다이어그램으로 나타내면 다음과 같다.

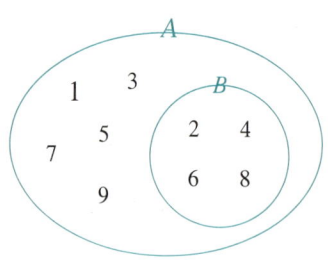

두 집합 A, B에서 집합 B의 모든 원소가 집합 A에 속할 때, B를 A의 **부분집합**이라고 한다. 이때, A는 B를 '포함한다' 또는 B는 A에 '포함된다' 고 하며, 기호로 $A \supset B$ 또는 $B \subset A$와 같이 나타낸다. 특히 공집합은 원소가 하나도 없으므로 모든 집합의 부분집합으로 정해둔다. 즉, 모든 집합 A에 대하여 $\phi \subset A$이다.

그런데 두 집합 A, B에서 $A \not\subset B$이고 $B \not\subset A$인 경우가 있는데, 이를 벤 다이어그램으로 나타내면 다음과 같은 경우들이다.

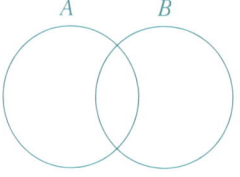 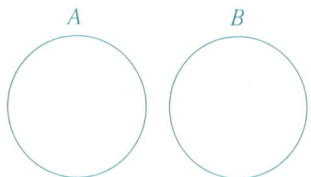

예를 들어 두 집합 $A=\{x \mid x$는 6의 약수$\}$와 $B=\{x \mid x$는 9의 약수$\}$의 포함관계를 살펴보면 $A \not\subset B$이고 $B \not\subset A$이다. 그리고 두 집합을 벤 다이어그램으로 나타내면 다음과 같다.

하지만 다음과 같은 두 집합을 생각해보자. $A=\{1, 2, 4, 8\}$, $B=\{x \mid x$는 8의 약수$\}$. 이때 A의

6의 약수는 1,2,3,6이고, 9의 약수는 1,3,9이므로 두 집합은 서로 포함하지 못해.

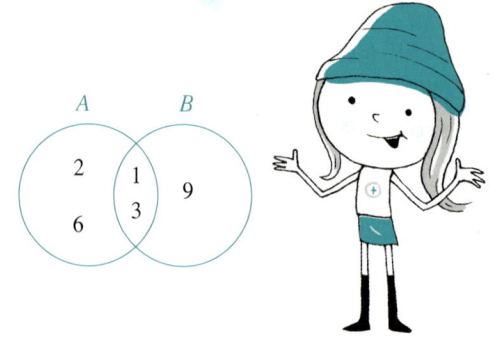

모든 원소는 B에 속하고 동시에 B의 모든 원소도 A에 속한다. 즉, A는 B의 부분집합이고 B는 A의 부분집합이다. 일반적으로 두 집합 A, B에서 $A \subset B$이고 $B \subset A$일 때, A와 B는 서로 같다고 하며, 기호로 $A=B$와 같이 나타낸다.

이제 집합의 연산에 대하여 알아보자.

두 집합 A, B에 대하여 A에도 속하고 B에도 속하는 원소들로 이루어진 집합을 A와 B의 교집합이라고 하며 기호로 $A \cap B$와 같이 나타낸다. 즉, $A \cap B$를 조건제시법으로 나타내면 다음과 같다.

$$A \cap B = \{x \mid x \in A \text{ 그리고 } x \in B\}$$

두 집합 A, B에 대하여 A에 속하거나 B에 속하는 원소들로 이루어진 집합을 A와 B의 합집합이라고 하며, 기호로 $A \cup B$와 같이 나타낸다. 즉, $A \cup B$를 조건제시법으로 나타내면 다음과 같다.

$$A \cup B = \{x \mid x \in A \text{ 또는 } x \in B\}$$

예를 들어 $A=\{1,3,5,7\}$이고 $B=\{5,7,9\}$라면 $A \cap B = \{5,7\}$이고 $A \cup B = \{1,3,5,7,9\}$이다.

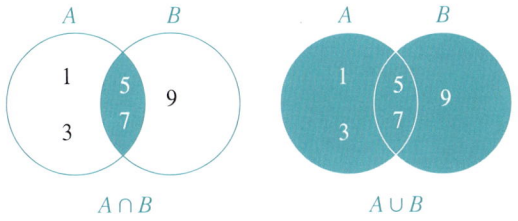

이제 집합의 개념을 좀더 확장해보자.

어떤 주어진 집합에 대하여 그의 부분집합들을 생각할 때, 처음에 주어진 집합을 전체집합이라고 하며 보통 U로 나타낸다. 전체집합 U의 원소 중에서 A

에 속하지 않는 원소로 이루어진 집합을 U에 대한 A의 여집합이라 하며, 기호로 A^C와 같이 나타낸다. 조건제시법으로는 $A^C = \{x | x \in U$ 그리고 $x \notin A\}$이며 이를 벤 다이어그램으로 나타내면 다음과 같다.

두 집합 A, B에 대하여 A의 원소 중에서 B에 속하지 않는 원소로 이루어진 집합을 A에 대한 B의 차집합이라 하며 기호로 $A-B$와 같이 나타낸다. 이것을 조건제시법으로 나타내면

$$A - B = \{x | x \in A \text{ 그리고 } x \notin B\} = A \cap B^C$$

차집합을 이용하면 위의 벤 다이어그램에서 알 수 있듯이 전체집합을 U라 할 때 $U-A$는 A^c와 같음을 알 수 있다. 또한 벤 다이어그램으로부터

$$A - B = (A \cup B) - B = A - (A \cap B)$$

임을 알 수 있다.

차집합의 경우 많은 학생들은 숫자간의 뺄셈과 혼동하여 계산하는 경우가 있다. 예를 들어 $A = \{1, 2, 3, 4, 6\}$, $B = \{1, 2\}$일 때, $A - B = \{3, 4, 6\}$으로 구하나 $B - A$는 구할 수 없다고 생각한다.

그러나 $A - B$는 A에서 B를 빼는 것이 아니라 A에서 $A \cap B$의 원소를 제거하는 것임을 알아야 한다. 그렇다면 $B - A = \{1, 2\} - \{1, 2, 3, 4, 6\} = \phi$이다.

즉, 1과 2에서 1, 2, 3, 4, 6을 제거하면 아무것도 남지 않게 된다.

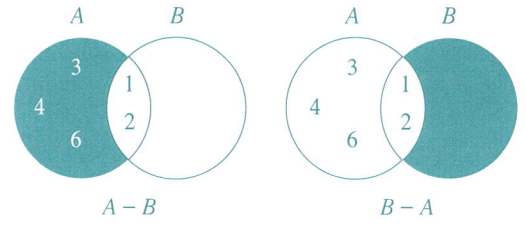

마지막으로 유한집합의 원소의 개수를 구하는 방법을 알아보자. 예를 들어 두 집합 $A = \{1, 2, 3\}$과 $B = \{2, 3, 4, 5\}$에 대하여 다음을 각각 생각해보자.

(1) $n(A), n(B), n(A \cup B), n(A \cap B)$

(2) $n(A \cup B)$와 $n(A) + n(B) - n(A \cap B)$를 비교해보라.

우선 (1)에서 $n(A) = 3$, $n(B) = 4$이고, $A \cup B = \{1, 2, 3, 4, 5\}$이므로 $n(A \cup B) = 5$이다. 또한 $A \cap B = \{2, 3\}$이므로 $n(A \cap B) = 2$이다. 따라서 $n(A) + n(B) - n(A \cap B) = 3 + 4 - 2 = 5$이고 이는 (2)의 답이다.

일반적으로 두 유한 집합 A와 B에 대하여, 각각의 원소의 개수와 합집합 그리고 교집합 사이에는 다음과 같은 관계가 성립한다.

$$n(A \cup B) = n(A) + n(B) - n(A \cap B)$$

이제 집합에 대한 일반적인 설명을 끝내고 앞에서 주어진 문제를 생각해보자. 수학문제 중에서 1번 또는 2번 문제를 틀린 학생이 28명이고, 1번 문제는 19명이 틀렸고 2번 문제는 17명이 틀렸다고 했다. 여기서 주의해야 할 점은 $A - B = A \cap B^C$ 이라는 것이다. 민정이가 문제를 잘못 푼 것도 $n(A - B) = n(A) - n(B)$로 계산하였기 때문이다.

$A - B = A \cap B^C = (A \cup B) - B = A - (A \cap B)$ 이므로 차집합의 원소의 개수는 다음과 같다.

$$n(A - B) = n(A) - n(A \cap B)$$
$$= n(A \cup B) - n(B)$$

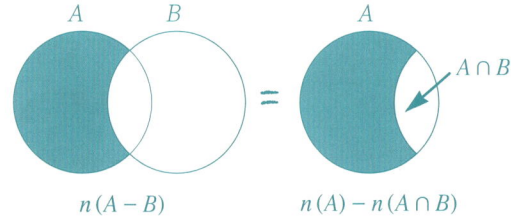

주어진 문제를 올바르게 풀면 다음과 같다.

> 1번 문제를 틀린 학생의 집합을 A,
> 2번 문제를 틀린 학생의 집합을 B라 하면,
> 1번 문제만 틀린 학생의 집합은 $A-B$이다.
> $$n(A \cup B) = n(A) + n(B) - n(A \cap B)$$
> $$28 = 19 + 17 - n(A \cap B)$$
> $$\therefore n(A \cap B) = 19 + 17 - 28 = 8$$
> 여기서 구하는 것은 $n(A - B)$이므로
> $$n(A - B) = n(A) - n(A \cap B) = 19 - 8 = 11 (명)$$
> 따라서 28명 중 1번 문제만 틀린 학생은 11명이다.

쉬어가기

두 명의 아들이 있는 어느 가난한 농부 부부는 매일 아침에 세 개의 빵을 굽는다. 그리고 네 명이 항상 똑같이 나누어 먹는다. 어떻게 하면 똑같이 나눌 수 있을까? 이것을 분수로 나타내면 $\frac{3}{4}$이지만, 실제로는 그림과 같이 두 개는 반으로 나누고 나머지 빵 하나는 넷으로 나누어 가지면 된다.

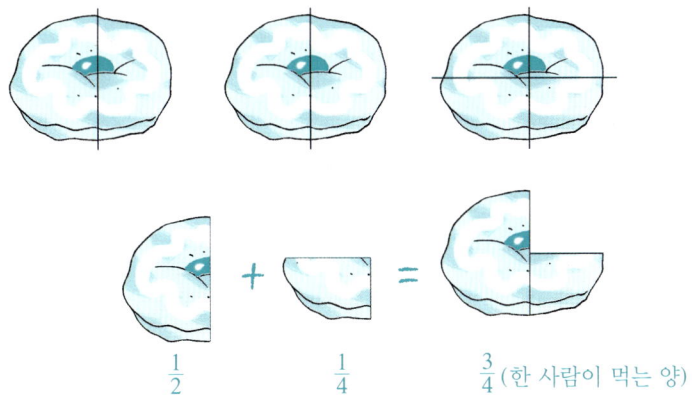

$\frac{1}{2}$ $\frac{1}{4}$ $\frac{3}{4}$(한 사람이 먹는 양)

아주 옛날부터 분수는 소수보다 일찍 사용되었다. 고대 이집트 때부터 이미 분수를 광범위하게 사용했는데, 특이한 것은 분수를 분자가 1인 단위분수(이를테면 $\frac{1}{2}, \frac{1}{3}, \frac{1}{4}, \cdots$ 등)를 사용하여 나타냈다는 것이다. 왜냐하면 위의 빵 나누기에서 알아본 것과 같이, 모든 분수를 단위분수 꼴로 나타낸다는 것은 지극히 자연스럽기 때문이다. 실제로 4명에게 빵 3개를 주고 똑같이 나누어 먹으라고 하면, 위의 그림과 같은 방법으로 나눌 것이기 때문이다.

고대 이집트 사람들은 현재 우리가 사용하고 있는 것과 같은 10진법을 사용하였는데, │은 막대기 모양으로 1을 나타내고, ∩은 뒤꿈치 뼈 또는 멍에 모양으로 10을 나타내며, ❡은 새끼줄이 꼬여 있는 모양으로 100을 나타냈다. 이들은 더욱 큰 수도 상형문자를 이용하여 나타냈다. 또, 이와 같은 상형문자를 사용하여 다음과 같이 분수를 나타냈다.

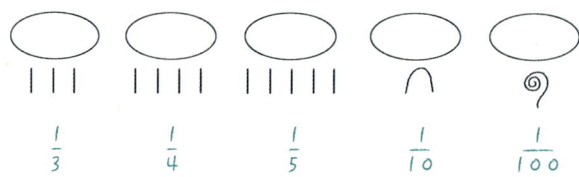

위의 상형문자에 따르면 $\frac{1}{2}$ 을 ▽로 썼을 것이라고 생각하겠지만, 그것은 $\frac{2}{3}$ 를 나타낸다. 그리고 ▱으로 $\frac{1}{2}$ 을 나타냈다. 고대 이집트 사람들은 현재 초등학생들조차 쉽게 셈할 줄 아는 일반분수 대신에 분자가 1인 단위분수만을 썼는데, 예외적으로 $\frac{2}{3}$ 만은 그대로 썼다. 그 이유는 $\frac{2}{3}$ 에 대해서만은 단위분수와 같은 친숙함을 느끼고 있었기 때문이라고 짐작하고 있다. 이와 같은 분수의 계산법은 인류 최초의 수학 기록인 '아메스의 파피루스'에서 $\frac{2}{5} = \frac{1}{3} + \frac{1}{15}$ 이나 $\frac{2}{7} = \frac{1}{4} + \frac{1}{28}$ 과 같이 분수를 단위분수의 합으로 나타낸 기록에서 찾아볼 수 있다. 이들 분수를 그림으로 살펴보면 다음과 같다.

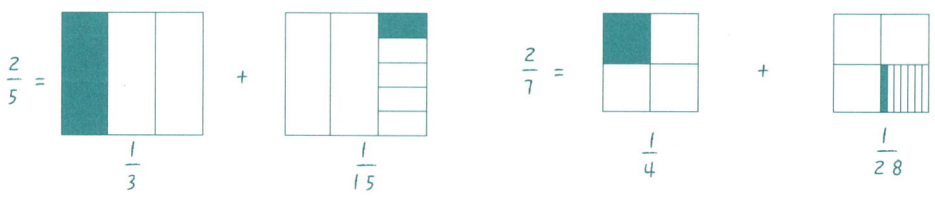

단위분수를 이용하여 분배하는 것으로 잘 알려진 옛날이야기 하나를 소개한다. 옛날 아라비아의 어떤 상인이 자기 재산인 낙타 17마리를 큰아들은 $\frac{1}{2}$, 둘째 아들은 $\frac{1}{3}$, 셋째 아들은 $\frac{1}{9}$ 을 가지라는 유언을 하고 죽었다. 그래서 삼형제는 17마리의 낙타를 놓고 각각 $\frac{1}{2}, \frac{1}{3}, \frac{1}{9}$ 로 나누어 가지려고 하였다. 그런데 17이 2, 3, 9로 나누어 떨어지지 않아 $\frac{17}{2}, \frac{17}{3}, \frac{17}{9}$ 을 정수로 구할 수 없었다. 그래서 삼형제는 낙타를 놓고 싸움을 하고 있었다. 그때, 그곳을 지나가던 현명한 사람이 자기가 타고 있던 낙타 한 마리를 보태주었다. 낙타가 18마리가 되자 삼형제 중 큰 형은 $\frac{1}{2}$ 인 9마리, 둘째는 $\frac{1}{3}$ 인 6마리, 그리고 막내는 $\frac{1}{9}$ 인 2마리를 각각 가질 수 있었다. 게다가 9마리, 6마리, 2마리의 합은 17마리이므로 그 현명한 사람도 자기가 보태주었던 낙타를 다시 돌려받았다. 도대체 어찌된 일일까?

이 문제의 해답은 바로 이집트 사람들의 분수 계산 방법에 있다. 이 문제에서는 17마리의 낙타를 2와 3과 9의 최소공배수인 18마리로 나누는 것인데, $\frac{17}{18} = \frac{1}{2} + \frac{1}{3} + \frac{1}{9}$ 이기 때문에 아버지의 유언대로 나눌 수 있었던 것이다.

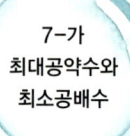

7-가
최대공약수와
최소공배수

식탁보 만들기

나는 인형 옷 만들기를 좋아한다.

엄마께서는 근처 양장점에서 내가 필요한 자투리 헝겊을 많이 얻어다 주신다. 그러시며 항상 나를 칭찬해주신다.

"민정이는 손재주가 좋은가 보다. 예쁘게 잘 만드는구나. 의상 디자이너가 되려고 그러나?"

그때마다 나는 어깨가 으쓱해진다. 그래서 내친김에 엄마께 "엄마, 뭐 필요한 거 없으세요? 있으면 말씀하세요. 제가 만들어 드릴게요."

그랬더니 엄마께서는 "음. 예쁜 식탁보가 하나 필요한데. 만들어줄 수 있겠니?"

"물론이죠. 조금만 기다리세요."

그러고는 헝겊들을 뒤져보았더니 가로와 세로의 길이가 각각 24cm, 30cm인 조각들이 많이 있었다. 그래서 나는 며칠 동안 열심히 엄마를 위하여 정사각형 모양의 식탁보를 만들었다.

완성된 식탁보를 보시더니 엄마께서는 놀란 표정으로 말씀하셨다.

"난 그냥 한번 해본 말이었는데, 이렇게 예쁜 식탁보를 만들다니 우리 딸 정말 대단하구나."

그런데 내가 만든 식탁보의 넓이는 얼마일까?

 가로와 세로가 각각 24cm, 30cm인 직사각형 모양의 헝겊을 빈틈없이 붙여서 가능한 가장 작은 정사각형 모양의 식탁보를 만들려고 한다. 민정이가 만들 식탁보의 정사각형의 넓이는 얼마일까?

 최소공배수를 구하기 위해 24와 30를 소인수분해하면

$24 = 2^3 \times 3, \ 30 = 2 \times 3 \times 5$

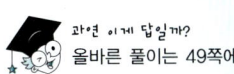

최소공배수는 $2^4 \times 3^2 \times 5 = 720$

따라서 정사각형의 한 변의 길이는 720cm이다.

그러므로 정사각형의 넓이는 $720 \times 720 = 518400 \, (\text{cm}^2)$이다.

 민정이는 최소공배수를 구하기 위해 두 수를 소인수분해한 후,

$24 = 2^3 \times 3 \qquad 30 = 2 \times 3 \times 5$

소인수들을 모두 곱하였다. 민정이의 풀이는 소인수분해하지 않고 24와 30을 그대로 곱한 것과 같은 결과이다. 최소공배수는 공통인 소인수에서 지수가 같거나 큰 쪽을 택하고, 공통이 아닌 소인수를 모두 택하여 곱한다.
민정이의 풀이처럼 두 수의 최소공배수를 구하지 않고 $24 \times 30 = 720$으로 계산하여 구하는 학생도 있고, 최소공배수와 최대공약수를 혼동하여 최소공배수 문제를 최대공약수를 구하는 방법으로 푸는 학생들이 있으므로 각별한 주의가 필요하다.

어떤 두 수를 나누는 가장 큰 수는 무엇일까?

같은 수가 여러 번 곱해져 있는 경우 이를 간단히 나타내는 방법에 대해 생각해보자. 2를 2번, 3번, 4번 곱한 수를

$$2 \times 2 = 2^2$$
$$2 \times 2 \times 2 = 2^3$$
$$2 \times 2 \times 2 \times 2 = 2^4$$
$$\vdots$$

으로 나타내고, 각각 2의 제곱, 2의 세제곱, 2의 네제곱, … 이라 읽는다. 이와 같이 2를 거듭하여 곱한 수 2^2, 2^3, 2^4, … 을 2의 거듭제곱이라 한다. 이때 2를 밑, 곱한 개수를 나타낸 ^{2}, ^{3}, ^{4}, … 를 지수라 한다.

여기서 2는 밑이고 4가 지수가 되는군.

이와 같이 생각하면 수 16은 $2 \times 2 \times 2 \times 2$로 생각할 수 있으므로 16은 2^4과 같다. 이런 표기법은 $2 + 2 + 2 + 2 = 2 \times 4$와 같이 같은 수를 여러 번 더하는 것을 곱하기로 나타내듯이 $2 \times 2 \times 2 \times 2 = 2^4$로 나타내는 것이다. 흔히 이와 같은 거듭제곱 2^2, 2^3, 2^4, …을 읽을 때, 2의 이승, 2의 삼승, 2의 사승, … 으로 읽는 경우가 많은 데, 이렇게 읽지 않고 2의 제곱, 2의 세제곱, 2의 네제곱… 으로 읽는다.

또한 $2\times2\times2\times2$를 거듭제곱을 사용하여 나타내면 2^4이고, 5×5를 거듭제곱을 사용하여 나타내면 5^2이므로 $2\times2\times2\times2\times5\times5 = 2^4\times5^2$임을 알 수 있다. 하지만 $2^4\times5^2$은 더 이상 간단히 할 수 없다.

예를 들어보자. 다음 두 도형은 한 변의 길이가 2cm인 정사각형과 정육면체이다.

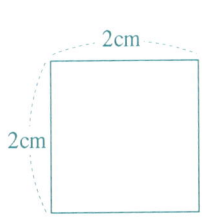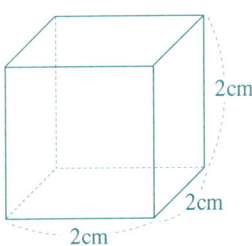

정사각형의 넓이를 구하는 식은 2×2이고, 정육면체의 부피를 구하는 식은 $2\times2\times2$이다. 이때 2×2는 2를 2번 곱했으므로 2^2으로, $2\times2\times2$는 2를 3번 곱했으므로 2^3으로 나타낼 수 있다. 이때, 2^3을 $2+2+2$로 혼동하여, $2\times3=6$으로 계산하지 않도록 주의해야 한다.

이번에는 음수의 거듭제곱을 알아보자.

-2^2과 $(-2)^2$은 서로 같은 값일까? 물론 아니다. -2^2은 -4이고, $(-2)^2$는 4이다. 왜냐하면 $-2^2=-(2\times2)=-4$이고, $(-2)^2=(-2)\times(-2)=4$이기 때문이다. 그렇다면, -2^3과 $(-2)^3$은 서로 같은 값일까? 다른 값일까?

$-2^3=-(2\times2\times2)=-8$이고, $(-2)^3=(-2)\times(-2)\times(-2)=-8$이다. 따라서 -2^3과 $(-2)^3$은 서로 같은 값이다.

위의 예에서 보았듯이 음수의 거듭제곱을 할 때에는 부호에 유의하여야 한다. 즉, 거듭제곱이 들어 있는 곱셈에서도 음수의 개수에 따라 곱의 부호가 결정된다는 것을 알 수 있다.

이제 어떤 수를 거듭제곱의 형태로 나타내는 방법에 대하여 알아보자.

$10=2\times5$에서 2와 5는 10의 약수이고, 각각 소수이다. 이와 같이 어떤 자연수의 약수 중에서 소수인 수를 그 수의 소인수라고 한다. 또한 자연수를 소수

만의 곱으로 나타내는 것을 소인수분해라고 한다. 예를 들어 60을 소인수분해하면 다음과 같다.

위와 같이 60을 소인수분해할 때에는 작은 소수 2, 3, 5, 7, … 등으로 나누어 떨어지는 것을 소인수로 찾아낸다.

두 수 24와 30을 사용하여 최대공약수에 대하여 알아보자. 24의 약수는 1, 2, 3, 4, 6, 8, 12, 24이고 30의 약수는 1, 2, 3, 5, 6, 10, 15, 30이다. 이때 24와 30의 공통인 약수는 1, 2, 3, 6이고 이 중에서 가장 큰 수는 6이다. 이와 같이 두 개 이상의 자연수의 공통인 약수를 '공약수'라 하며, 공약수 중에서 가장 큰 수를 '최대공약수'라고 한다. 즉, 24와 30의 공약수는 1, 2, 3, 6이고 최대공약수는 6이다.

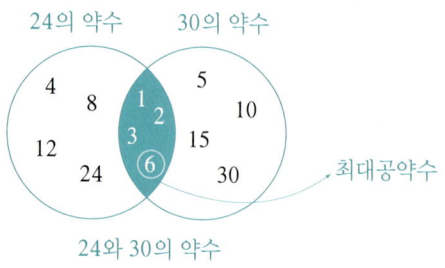

최대공약수를 구하는 방법에는 위와 같이 약수를 모두 구하여 공약수와 최대공약수를 찾는 방법, 소인수분해를 이용하여 구하는 방법, 공통인 소인수로 나누어 구하는 방법이 있다.

먼저 소인수분해를 이용해서 구하는 방법을 알아보자.

예를 들어 24와 30을 소인수분해하면 다음과 같다. 이때 두 수의 소인수 중에서 공통으로 있는 수는 2, 3이다. 이 두 수의 곱 6이 24와 30의 최대공약수이다.

$$24 = 2 \times 2 \times 2 \times 3$$
$$30 = 2 \qquad\quad \times 3 \times 5$$
$$\overline{\; 2 \qquad\quad \times 3 \qquad = 6}$$

↑————————↑
공통인 소인수

이번에는 나눗셈을 이용하는 방법을 알아보자.

소인수를 이용하여 두 수의 최소공배수를 구하는 방법에 대하여 알아보자.

24와 30은 모두 가장 작은 소수 2로 나누어지므로 12와 15는 모두 3으로 나누어 떨어지네.
음~ 4와 5는 1이 아닌 어떤 수로도 동시에 나누어 떨어지지 않는군.
아하! 따라서 24와 30의 최대공약수는 2×3=6이군.

24의 배수는 24, 48, 72, 96, 120, …이고, 30의 배수는 30, 60, 90, 120, 150, …이다.

이때 24와 30의 배수 중에서 공통인 것들은 120, 240, …이고 이 중에서 가장 작은 수는 120이다. 이와 같이 두 개 이상의 자연수의 공통인 배수를 공배수라 하며, 공배수 중에서 가장 작은 수를 최소공배수라고 한다. 즉, 24와 30의 공배수는 120, 240, …이고 최소공배수는 120이다.

최소공배수는 소인수분해를 이용해서 다음과 같이 구할 수 있다. 예를 들어, 24와 30을 소인수분해하면 다음과 같다.

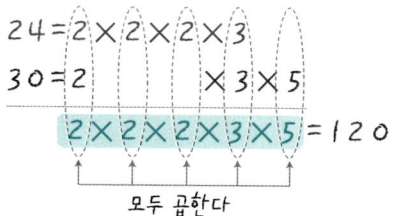

이때 두 수의 소인수 중에서 공통으로 있는 수 2, 3과 어느 한쪽에만 있는 수 2, 2, 5를 모두 곱하여 얻은 120이 24와 30의 최소공배수이다.

최소공배수는 공통인 소인수에서 지수가 같거나 큰 쪽을 택하고, 공통이 아닌 소인수를 모두 택하여 곱한다. 이를 차례대로 정리하면, 다음과 같은 방법으로 최소공배수를 구할 수도 있다.

① 공통인 소인수로 각 수를 나눈다.
② 공통인 소인수가 없어질 때까지 ①을 되풀이한다.
③ ②에서 얻은 모든 공통인 소인수들과 마지막 몫을 모두 곱한다.

$$\begin{array}{r|ll} 2 & 24 & 30 \\ 3 & 12 & 15 \\ \hline & 4 & 5 \end{array}$$

$$\therefore 2 \times 3 \times 4 \times 5 = 120$$

최대공약수는 G.C.D.(Greatest Common Divisor), 최소공배수는 L.C.M.(Least Common Multiple)로 나타내기도 한다.

두 개 이상의 자연수의 공약수는 그들의 최대공약수의 약수이고, 두 개 이상의 자연수의 공배수는 그들의 최소공배수의 배수임을 알 수 있는데, 최대공약수와 최소공배수를 활용하는 문제에서 '가장 많은, 가장 큰, 되도록 많은' 등의 표현이 들어 있는 문제는 최대공약수를, '가장 적은, 가장 작은, 되도록 적게' 등의 표현이 들어 있는 문제는 최소공배수를 이용하여 문제를 해결하면 된다.

앞에서 주어진 문제의 올바른 풀이는 다음과 같다

만들 정사각형 식탁보의 한 변의 길이는 헝겊의 가로 길이 24cm의 배수이고 또한 헝겊의 세로 길이 30cm의 배수이므로 24와 30의 공배수이다. 그런데 '가능한 가장 작은' 정사각형이어야 하므로, 24와 30의 최소공배수를 묻는 문제이다.

$$24 = 2^3 \times 3 \qquad 30 = 2 \times 3 \times 5$$

에서 24와 30의 최소공배수는 $2^3 \times 3 \times 5 = 120$이고, $120 = 24 \times 5 = 30 \times 4$이므로 가로로 5개, 세로로 4개씩 붙이면 된다.
따라서 정사각형의 넓이는

$$120 \times 120 = 14400 \,(\text{cm}^2)\text{이다.}$$

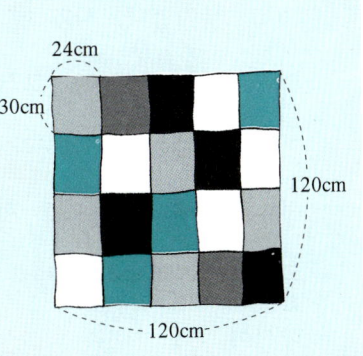

7-가
십진법과 이진법

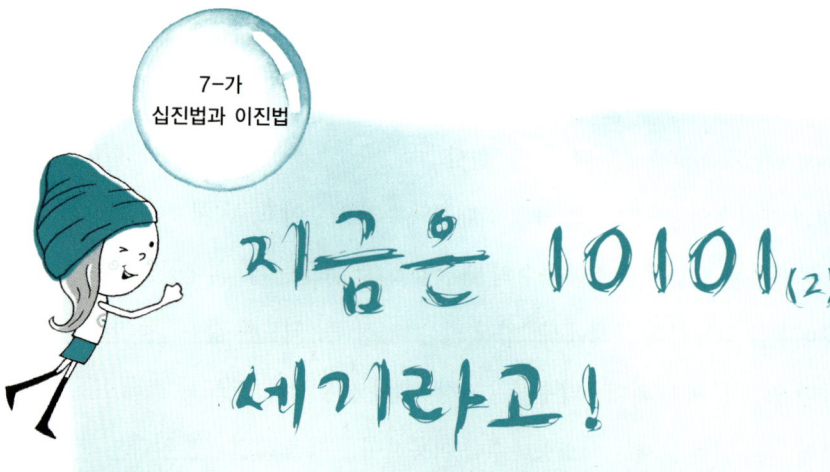

지금은 10101$_{(2)}$ 세기라고!

정민이가 어제 수학시간에 배운 이진법으로 일기를 썼다고 보여주었다. 무척 재미있었다. 그래서 나도 오늘은 정민이처럼 이진법을 사용하여 일기를 써보기로 하였다.

11111010100$_{(2)}$년 101$_{(2)}$월 10$_{(2)}$일

띠리링, 띠리링...

아침을 알리는 자명종 소리에 놀라 잠에서 깨어보니 오전 110$_{(2)}$시 11110$_{(2)}$분이었다. 자꾸 감기는 눈을 비비며 화장실로 가다가 그만 벽에 부딪히고 말았다. 그러자 아빠께서 웃으시며 말씀하셨다.

"민정아, 눈 뜨고 다녀라."

세수를 하고 밥을 먹고 학교 갈 준비를 마치니 111$_{(2)}$시 10110$_{(2)}$분이 되었다. 부랴부랴 가방을 챙겨서 학교로 향하였다. 오늘따라 아침 햇살이 나를 간질이는 것 같았다. 콧노래를 흥얼거리며 가는데, 아차! 오늘 미술 준비물을 챙기지 못한 것이 생각났다. 지점토와 니스를 가져가야 하는데 그만 깜빡했다. 나는 가던 길을 다시 돌아서 문방구로 향했다. 문방구에는 정민이가 지점토와 니스를 사고 있었다.

역시 우리는 단짝인가 보다.

지점토 1$_{(2)}$개에 1111010$_{(2)}$원이니까 10$_{(2)}$개면 11110100$_{(2)}$원이고 니스가 1111010$_{(2)}$원이니 모두 101110110$_{(2)}$원이 필요했다. 지점토와 니스를 사고 학교 교문에 도착한 시간은 1000$_{(2)}$시 1010$_{(2)}$분. 큰일이다! 담임선생님께서는 1000$_{(2)}$시 1111$_{(2)}$분부터 지각으로 인정하시기 때문에 우리는 후다닥 달렸다. 그러나 결국 교실 문 앞에서 담임선생님과 만나고 말았다.

"요 녀석들! 너희 둘은 왜 그렇게 똑같니? 다음에는 늦지 마라."

휴~ 아침부터 힘든 시작이었다.

어쨌든 이렇게 숫자를 이진법으로 나타내보니 우리가 쓰는 십진법이 무척 쉽고 간편하게 느껴졌다. 아마도 십진법이 익숙해서 그런가보다.

 일기에 이진법으로 나타낸 숫자들 중에서 110$_{(2)}$과 1010$_{(2)}$을 십진법으로 바꾸어라.

$110_{(2)} = 1 \times 2^3 + 1 \times 2^2 + 0 \times 2 = 8 + 4 = 12$

$1010_{(2)} = 1 \times 2^4 + 0 \times 2^3 + 1 \times 2^2 + 0 \times 2 = 16 + 0 + 4 + 0 = 20$

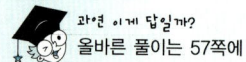
올바른 풀이는 57쪽에

민정이의 풀이를 보면
$$110_{(2)} = 1 \times 2^3 + 1 \times 2^2 + 0 \times 2 = 8 + 4 = 12$$
로 맨 앞의 1이 2^2의 자리인데 2^3의 자릿수로 착각했고, 마찬가지로
$$1010_{(2)} = 1 \times 2^4 + 0 \times 2^3 + 1 \times 2^2 + 0 \times 2 = 16 + 0 + 4 + 0 = 20$$
에서 맨 앞의 1을 2^4의 자릿수로 착각했기 때문에 틀린 답을 얻게 되었다. 학생들은 이진법과 관련된 문제를 배울 당시에는 대체적으로 잘 기억하며 흥미로워하지만 시간이 조금만 흐르면 대부분의 내용을 잊어버린다. 그렇기 때문에 반복적인 학습이 필요하다.

컴퓨터가 하는 수학, 이진법

수를 표현하는 데에는 두 가지 방법이 있다. 하나는 일, 이, …, 십, …, 백… 처럼 수를 말로 표현하는 명수법이고, 다른 하나는 수를 기호로 표현하는 기수법이다. 나라마다 말이 다르듯이 명수법도 나라마다 다르다. 하지만 현재 기수법은 인도-아라비아 숫자를 이용한 기수법으로 세계 공통이다.

기수법에는 여러 종류가 있는데, 그 중의 하나가 위치 수 체계이다.

위치 수 체계는 몇 개의 특별한 기호(즉, 숫자)를 각각 일정한 숫자에 대응시키고, 그 숫자의 위치에 의미를 부여하는 것이다. 즉, 각 자리가 왼쪽으로 옮겨가면 그 값이 상수 배만큼 커지게 한다. 현재 우리가 사용하고 있는 위치 수 체계는 십진법인데, 예전에는 60진법, 20진법, 12진법, 10진법, 5진법, 2진법 등 다양한 방법이 이용되었다.

십진법은 0, 1, 2, 3, 4, 5, 6, 7, 8, 9라는 열 개의 숫자만 가지고 수를 나타낼 수 있는 기수법이다. 예를 들어, 4583은 1000이 4개, 100이 5개, 10이 8개 그리고 1이 3개 있다는 뜻이다. 그런데 1000은 10^3, 100은 10^2, 10은 10^1 그리고 영이 아닌 모든 수의 0제곱은 1이므로 1은 10^0으로 나타낼 수 있다.

그러므로 4는 홀로 있을 때는 낱개의 4이지만 위치가 왼쪽으로 4번째로 이동

수 4583의 뜻을 좀더 수학적으로 표현하면 다음과 같아.

$$4583 = 4 \times 10^3 + 5 \times 10^2 + 8 \times 10^1 + 3 \times 10^0$$

아하! 이제 알겠다.

되면 낱개가 아닌 천 단위의 개수를 나타내고, 5는 백 단위의 개수, 8은 십 단위의 개수 그리고 3은 낱개의 수를 나타낸다. 위와 같은 식을 수의 10진법의 전개식이라고 하는데, 이렇게 쓰는 방법은 초등학교에서 이미 배웠다.

이와 같은 표현은 이진법의 경우도 마찬가지이다. 다양한 진법 중에서 우리가 특히 이진법을 공부하는 이유는 요즘이 컴퓨터의 시대이기 때문이다. 여러분도 잘 알고 있는 것과 같이 컴퓨터는 전기의 흐름을 이용하여 주어진 임무를 수행한다. 즉, 전기가 통하는지 그렇지 않은지를 판단하여 자료 처리와 계산을 하는 것이다. 이진법은 단 두 개의 숫자만을 이용하여 표현하는데, 이것은 전구가 켜지거나 꺼지는 것과 같은 전기의 흐름에서 나타나는 두 가지 사건에 잘 맞아떨어진다. 또한 이진법의 덧셈과 곱셈을 기계가 잘 알아듣기 때문이다.

이진법도 십진법과 마찬가지로 왼쪽으로 옮겨갈수록 나타내는 수가 커진다. 십진법의 경우에는 왼쪽으로 한 칸씩 이동할 때마다 10배씩 수가 커지는데, 이진법의 경우에는 2배씩 커지게 된다. 즉, 이진법으로 수를 나타낼 때, 자리가 하나씩 올라감에 따라 자리의 값이 2배씩 커지는 것이다.

$$1 \quad 0 \quad 1 \quad 0 \quad 1_{(2)}$$

2^4의 자리　2^3의 자리　2^2의 자리　2^1의 자리　2^0의 자리

이진법으로 수를 나타냈을 때 학생들이 자릿수 값을 혼동하는 경우가 있다. 이를 테면, 앞의 $10101_{(2)}$에서 마지막부터 자릿수를 계산하여 다음과 같이 생각하는 경우가 흔히 있다.

$$\begin{array}{ccccc} 1 & 0 & 1 & 0 & 1_{(2)} \\ \uparrow & \uparrow & \uparrow & \uparrow & \uparrow \\ 2^5 & 2^4 & 2^3 & 2^2 & 2^1 \\ \text{의} & \text{의} & \text{의} & \text{의} & \text{의} \\ \text{자} & \text{자} & \text{자} & \text{자} & \text{자} \\ \text{리} & \text{리} & \text{리} & \text{리} & \text{리} \end{array}$$

따라서 각 자리가 표시하는 값이 얼마인지를 명확히 이해할 수 있도록 해야 한다.

이진법으로 나타낸 수는 십진법으로 나타낸 수와 구별하기 위해 수의 끝에 (2)를 쓴다. 이진법으로 나타낸 수 $10101_{(2)}$을 각 자리의 숫자와 2의 거듭제곱을 써서 덧셈으로 연결한 식을 이진법의 전개식이라고 하며, $2^1 = 2$이고 $2^0 = 1$이므로 다음과 같이 나타낼 수 있다.

$$10101_{(2)} = 1 \times 2^4 + 0 \times 2^3 + 1 \times 2^2 + 0 \times 2 + 1 \times 1$$

십진법과는 달리 이진법에서는 $10101_{(2)}$을 '이진법으로 나타낸 수 일만 일백 일'로 읽지 않고 '이진법으로 나타낸 수 일영일영일'이라고 읽는다.

이진법의 수
↓
이진법의 전개식
↓
계산
↓
십진법의 수

이제까지 이진법으로 나타낸 수를 십진법으로 나타낸 수로 바꾸는 것을 알아보았다. 이제, 십진법으로 나타낸 수를 이진법으로 나타낸 수로 바꾸는 것을 알아보자. 예를 들어 십진법으로 나타낸 수 6을 이진법으로 나타낸 수로 바꾸려면, 다음과 같은 차례로 계산하면 된다.

① 6을 2로 나누어 몫 3과 나머지 0을 구한다.
② 몫 3을 2로 나누어 몫 1과 나머지 1을 구한다.
③ 몫 1을 2로 나누어 몫 0과 나머지 1을 구한다.

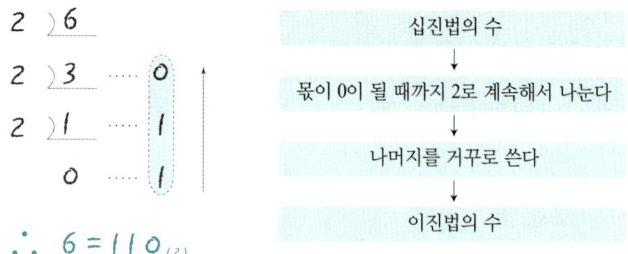

위와 같은 차례로 각 나눗셈의 나머지를 맨 나중의 것부터 차례로 써서 $110_{(2)}$과 같이 나타낸다. 그렇게 하면 6을 이진법으로 나타낸 수로 바꾸었을 때, $110_{(2)}$이 된다는 것을 알 수 있다.

마지막으로 이진법의 덧셈과 뺄셈에 대하여 알아보자.

십진법에서는 두 수를 더해서 10 이상이 되면 10의 자리수를 위의 자리로 하나 올려서 계산한다. 이진법에서도 두 수를 더해서 2가 되면 위의 자리로 하나 올려서 계산한다. 예를 들어 $110_{(2)} + 111_{(2)}$을 계산해보자. 이해를 돕기 위하여 세로로 셈을 하면 다음과 같다.

이진법으로 나타낸 수도 덧셈을 이용하여 뺄셈을 할 수 있다. 앞에서 예를 든 덧셈을 생각해보자. $110_{(2)} + 111_{(2)} = 1101_{(2)}$이므로 $1101_{(2)} - 111_{(2)} = 110_{(2)}$이다. 즉, 이진법으로 나타낸 수의 뺄셈에서 2를 받아내려서 계산한 것이다. 덧셈과 마찬가지로 세로 셈으로 바꾸면 다음과 같다.

$$\begin{array}{r} 1101_{(2)} \\ -\ 111_{(2)} \\ \hline 110_{(2)} \end{array} \qquad \begin{array}{r} \overset{2\ \ 2}{1101}_{(2)} \text{ 받아내림}\\ -\ 111_{(2)} \\ \hline 110_{(2)} \end{array}$$

이진법으로 나타낸 수를 십진법으로 바꾸는 방법을 사용하여 앞의 문제와 몇 개의 문제를 올바르게 풀면 다음과 같다.

$$\begin{aligned} 110_{(2)} &= 1 \times 2^2 + 1 \times 2 + 0 \times 1 = 4 + 2 = 6 \\ 111_{(2)} &= 1 \times 2^2 + 1 \times 2 + 1 \times 1 = 4 + 2 + 1 = 7 \\ 1_{(2)} &= 1 \\ 10_{(2)} &= 1 \times 2 + 0 \times 1 = 2 \\ 1000_{(2)} &= 1 \times 2^3 + 0 \times 2^2 + 0 \times 2 + 0 \times 1 = 8 \\ 1010_{(2)} &= 1 \times 2^3 + 0 \times 2^2 + 1 \times 2 + 0 \times 1 = 10 \\ 1111_{(2)} &= 1 \times 2^3 + 1 \times 2^2 + 1 \times 2 + 1 \times 1 = 15 \end{aligned}$$

> 7-가
> 정수와 유리수

마이너스가 두 개면 플러스?

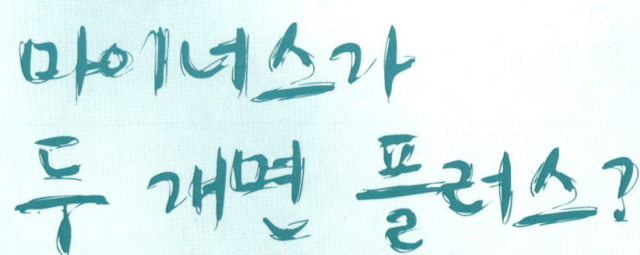

오늘 학교에서 음수에 관하여 배웠다. 초등학교 수학시간에 배웠던 빼기와 비슷한 것 같았다. 그때에는 언제나 큰 수에서 작은 수를 뺐는데, 음수를 배우고 난 후에는 작은 수에서 큰 수를 뺄 수도 있다는 것을 알았다. 하지만 잘 이해가 안 된다.

어떻게 2에서 3을 뺄 수 있을까? 의문에 싸여 집에 오는 내내 고민하다가 결국 집에 와서 엄마께 작은 수에서 큰 수를 빼는 것에 대하여 다시 여쭤보았다.

"어떻게 2에서 3을 뺄 수가 있어요?"

"그것은 말이다, 이렇게 생각해보자. 예를 들어 사과가 2개뿐인데 3개를 먹고 싶다면 나머지 모자라는 하나는 어떻게 할까?"

"다른 사람의 몫을 하나 빌려오면 되죠."

"그렇지. 그렇게 되면 빌려온 사과 하나를 어떻게 표시하면 될까? 원래 가지고 있던 사과와 같이 그냥 숫자로 쓰면 빌려온 것인지 아닌지 구별할 수 없겠지? 그래서 이런 경우에 빼기 부호를 숫자 앞에 붙여서 -1이라고 쓰기로 했단다."

엄마께서는 열심히 설명하셨지만 난 아직도 잘 모르겠다. 더욱이 음수 곱하기 음수가 양수가 된다니. 정말 알다가도 모를 일이다.

 다음을 계산하여라.
$(-8) - (+2) - (-5) + (-2)$

 $(-8) - (+2) - (-5) + (-2) = -8 - 2 - 5 - 2 = -17$

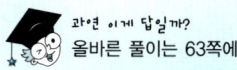
과연 이게 답일까?
올바른 풀이는 63쪽에

 뺄셈은 빼는 수의 부호를 바꾸고 덧셈으로 고쳐서 계산한다.

$$\text{(수)} - \text{(양수)} = \text{(수)} + \text{(음수)} \quad (+\text{를} -\text{로})$$

$$\text{(수)} - \text{(음수)} = \text{(수)} + \text{(양수)} \quad (-\text{를} +\text{로})$$

이때, 부호의 변화를 반드시 기억하자.

뺄셈은 빼는 수의 부호를 바꾸어 더하면 되는구나.

그러니까 $(-8) - (+2) = (-8) + (-2)$ 로구나.

초등학교에서는 계산 결과가 양수가 나오는 것만을 다루었다. 그러나 중학교부터는 수의 세계를 넓혀 계산 결과가 음수가 되는 경우까지 생각한다. 그러나 (양수+양수) 또는 (음수+양수) 그리고 (양수+음수)의 경우에는 초등학교에서 배운 내용을 가지고도 비교적 쉽게 이해하고 계산할 수 있다. 이런 계산의 경우에는 수직선을 이용하여 쉽게 설명할 수 있다.

수직선 위에서, 오른쪽으로 갈수록 수가 커지므로 어떤 수보다 얼마만큼 큰 수를 구하려면, 그 수에서 그만큼 오른쪽으로 이동한 점에 대응하는 수를 구하면 된다. 또 어떤 수보다 얼마만큼 작은 수를 구하려면 그 수에서 그만큼 왼쪽으로 이동한 점에 대응하는 수를 구하면 된다. 예를 들어 2보다 3만큼 큰 수는 2인 점에서 오른쪽으로 3만큼 이동한 점에 대응하는 5이다.

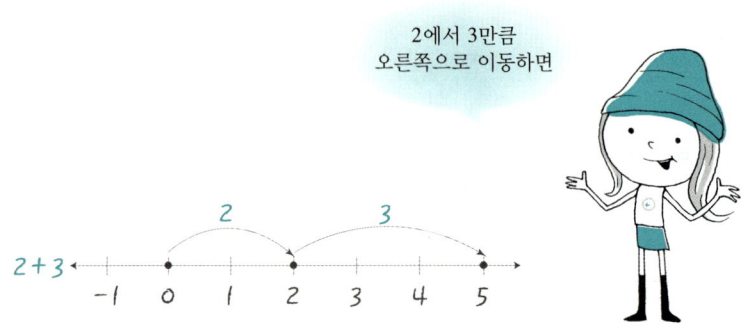

음수가 하나 있는 경우도 수직선을 이용하면 쉽게 설명할 수 있다. 축구경기를 예로 들어보자. 축구 시합을 하는데 한 골을 넣으면 +1점, 한 골을 잃으면 −1점을 얻는다고 하자. 우리나라와 일본의 경기에서 우리가 먼저 2골을 잃고 나중에 3골을 넣었다면 우리나라는 일본을 얼마의 차이로 이겼을까?

이 물음을 식으로 나타내면 (−2) + (+3)이다. 수직선 위에서 이를 계산해보면

(−2) + (+3)은 −2에서 오른쪽으로 3만큼 이동한 +1이다. 마찬가지로 (+3) + (−2)의 경우도 +3에서 왼쪽으로 2만큼 이동한 +1이다. 따라서 우리나라가 일본보다 +1만큼 이겼다는 것을 알 수 있다.

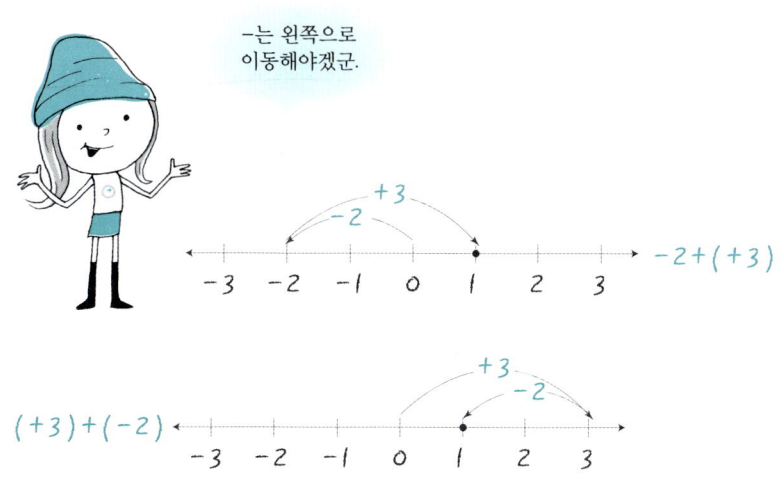

이제 (+3) − (−2)의 경우는 어떻게 계산되는지 알아보자. 앞의 설명대로 계산한다면 수직선에서 3에 대응하는 점으로부터 왼쪽으로 −2만큼 이동하여 대응하는 점이 이 식의 계산 결과일 것이다. 그런데 −2만큼의 이동은 어떻게 하라는 것일까? 사실 자연수의 뺄셈 3−1=□은 덧셈 □+1=3과 같다. 마찬가지로, 뺄셈 (+3)−(−2)=□은 덧셈 □+(−2)=+3와 같으므로 □ 안의 수를 구하는 계산이 된다. 그런데 (+5)+(−2)=+3이므로 (+3)−(−2)=+5와 같이 된다. 이런 덧셈과 뺄셈의 관계를 이용하면 다음 각 쌍의 결과가 같음을 알 수 있게 된다.

$$(+3) - (-2) = +5 \quad (+3) + (+2) = +5$$
$$(-2) - (+3) = -5 \quad (-2) + (-3) = -5$$

즉, 3에 대응하는 점으로부터 왼쪽으로 −2만큼 이동했을 때 대응하는 점은 3에 대응하는 점으로부터 오른쪽으로 +2만큼 이동했을 때 대응하는 점과 같다. 이와 같은 결과를 일반적으로 생각하면, 두 정수 또는 유리수 a, b에 대하여

$a-b$는 a에서 b의 부호를 바꾼 수를 더한 것과 같다는 사실을 알게 된다. 따라서 정수 또는 유리수의 덧셈과 **뺄셈**은 쉽게 해결할 수 있다.

그렇다면 곱셈의 경우는 어떻게 될까? $a \times b$ 의 뜻은 a를 b번 더하라는 것이다. 예를 들어 2×3은 2를 3번 더하여 $2+2+2$의 값을 구하라는 뜻이므로 $2 \times 3 = 6$이다. 따라서 $(-2) \times 3$의 경우에도 -2를 3번 더하라는 뜻이 되므로 $(-2)+(-2)+(-2) = -6$이 된다. 또한 곱셈은 교환법칙이 성립하므로 반대의 경우도 마찬가지가 된다. 즉, 다음과 같은 공식을 얻을 수 있다.

(음수)×(양수) = (양수)×(음수) = −(두 수의 절대값의 곱)

이제 문제는 (음수)×(음수)이다. 보통, 우리들은 학교에서 (음수)×(음수) = (양수)라고 배웠을 것이다. 그 이유를 다시 한 번 알아보자. 다음 곱셈을 잘 살펴보기 바란다.

$$(-2) \times 3 = (-2)+(-2)+(-2) = -6$$
$$(-2) \times 2 = (-2)+(-2) = -4$$
$$(-2) \times 1 = -2$$
$$(-2) \times 0 = 0$$

이므로

$$(-2) \times 3 = -6$$
$$(-2) \times 2 = -4$$
$$(-2) \times 1 = -2$$
$$(-2) \times 0 = 0$$

와 같이 2씩 늘어나는 결과를 볼 수 있다. 생각을 좀더 넓혀보자.

$$(-2) \times 3 = -6$$
$$(-2) \times 2 = -4$$
$$(-2) \times 1 = -2$$

$$(-2) \times 0 = 0$$
$$(-2) \times (-1) = ?$$
$$(-2) \times (-2) = ?$$
$$(-2) \times (-3) = ?$$

여기에서 ?에 들어갈 수는 각각 무엇일까? 앞에서 보면 수가 2씩 커지고 있으므로

$$(-2) \times 3 = -6$$
$$(-2) \times 2 = -4$$
$$(-2) \times 1 = -2$$
$$(-2) \times 0 = 0$$
$$(-2) \times (-1) = +2$$
$$(-2) \times (-2) = +4$$
$$(-2) \times (-3) = +6$$

이 될 것이다. 즉, 음수와 음수를 곱하면 양수가 되는 것이 아니고, 위와 같은 이유에 의하여 양수라고 약속한 것이다. 그러므로 곱셈이 다음과 같은 성질을 갖는다는 것을 알 수 있다.

① 부호가 서로 같은 두 수의 곱은 두 수의 절대값의 곱에 양의 부호를 붙인 것과 같다.
② 부호가 서로 다른 두 수의 곱은 두 수의 절대값의 곱에 음의 부호를 붙인 것과 같다.
③ 임의의 수와 0과의 곱은 0이다.

마지막으로 앞에서 주어졌던 문제를 올바르게 풀면 다음과 같다.

$$\begin{aligned}(-8)-(+2)-(-5)+(-2) &= (-8)+(-2)+(+5)+(-2)\\ &= (-8)+(-2)+(-2)+(+5)\\ &= (-12)+(+5)\\ &= -7\end{aligned}$$

7-가
문자와 식

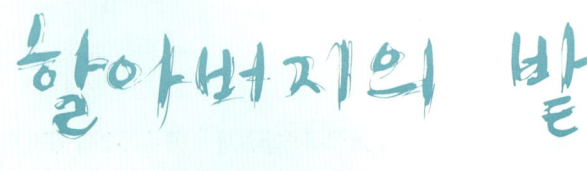
할아버지의 밭

우리 할아버지께서는 선생님이셨다. 지금은 30여 년간의 교직생활을 마치고 시골에서 꽤 큰 밭을 가꾸고 계신다.

올 여름 방학에도 우리 식구는 할아버지 댁으로 피서를 갈 것이다. 그곳에서 아빠는 할아버지를 도와 밭일을 하신다.

엄마께서는 할머니를 도와 밥도 지으시고, 일하고 계시는 아빠와 할아버지께 새참도 날라다주신다.

나와 정범이는 할아버지와 아빠께서 일하러 나가시는 동안 근처 개울에서 놀다가 엄마와 할머니께서 새참을 가지고 오실 때를 기다렸다가 얼른 달려온다. 밖에서 먹는 밥이 더 맛있는 것 같다. 아빠와 할아버지께서는 얼굴이 까맣게 되셨다.

저녁이 되어 앞마당에 멍석을 깔고 모깃불을 피워놓고 누우면 하늘에서 별이 쏟아지듯이 내려온다. 서울에서는 볼 수 없었던 은하수도 보인다. 할아버지께서는 우리와 같이 누우셔서 별자리에 얽힌 이야기들을 하나 둘 들려주신다. 올 여름에는 무슨 이야기가 기다리고 있을까?

그런데 올해에는 할아버지께서 집 뒤의 직사각형 모양의 텃밭에 고구마와 옥수수를 심으려고 하시는데, 옥수수를 그림과 같이 고구마의 가운데에 심는다고 하신다. 과연 고구마를 심은 밭의 둘레는 얼마일까?

그림처럼 고구마를 심은 밭(색칠된 부분)의 둘레를 구하여라.

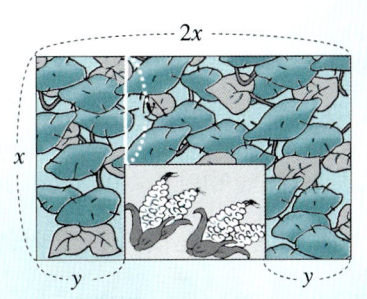

옥수수를 심은 밭의 가로 길이는 $2x - 2y$
세로 길이는 $x - y = y$이므로
(고구마 밭의 둘레의 길이) $= 2x + y + 2x - 2y + y + x + x + y + y$
$= 6x + 2y$

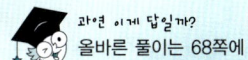
과연 이게 답일까?
올바른 풀이는 68쪽에

주어진 밭은 직사각형 모양이므로 가로 길이는 같다. 그러므로 민정이처럼 어렵게 계산할 필요가 없다. 또한, 옥수수 밭의 세로 길이를 민정이는 $x - y = y$로 계산하였는데 $x - y$는 y와 같다고 할 수 없다. 이와 같이 눈대중으로 대충 계산하는 일이 없어야 한다.

문자를 사용하여 식을 세우자

나타내고자 하는 수량의 값이 정해져 있지 않을 때, 문자를 사용하면 수량과 수량 사이의 관계를 좀더 간단한 식으로 나타낼 수 있다. 예를 들어, 한 변의 길이가 a cm인 정삼각형의 둘레의 길이는 $(a \times 3)$ cm로 나타낼 수 있다. 그림 (1)과 같은 직육면체의 부피는 (밑면의 가로의 길이)×(밑면의 세로의 길이)×(높이)이므로 $(a \times b \times 6)(\text{cm}^3)$로 나타낼 수 있다. 이때 곱셈 기호 ×를 생략하고 숫자는 문자 앞에, 문자는 알파벳순으로 쓰면 $a \times b \times 6 = 6ab$와 같이 나타낼 수 있다. 또, 그림 (2)와 같은 정육면체의 부피는 $(a \times a \times a)(\text{cm}^3)$로 나타낼 수 있다. 이때에도 곱셈 기호를 생략하고 거듭제곱으로 나타내면 $a \times a \times a = a^3 (\text{cm}^3)$와 같이 간단히 나타낼 수 있다.

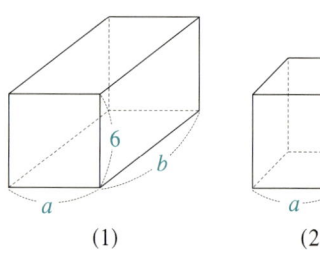

(1)　　(2)

문자를 사용한 식에서 곱셈을 간단히 나타내기 위하여 다음과 같이 약속한다.

① 수와 문자, 문자와 문자의 곱에서는 곱셈기호 ×를 생략한다.

$$4 \times x = 4x, \quad a \times b = ab$$

② 수와 문자 사이의 곱에서 수는 문자 앞에 쓴다.

$$a \times 2 = 2a, \quad x \times (-3) = -3x$$

③ 1, -1과 문자와의 곱에서 1은 생략한다.

$$1 \times a = a, \quad (-1) \times a = -a$$

④ 문자와 문자 사이의 곱에서 각 문자는 보통 알파벳순으로 쓴다.

$$c \times b \times a = abc, \quad y \times x \times z = xyz$$

⑤ 같은 문자의 곱은 지수를 사용하여 거듭제곱의 꼴로 나타낸다.

$$a \times a \times a = a^3, \quad x \times x \times x \times y \times y = x^3 y^2$$

⑥ 괄호가 있는 식과 수와의 곱에서 수는 괄호 앞에 쓴다.

$$(a+b) \times 3 = 3(a+b)$$

⑦ 나눗셈 기호 ÷를 생략하고 분수의 꼴로 나타낸다.

$$a \div b = a \times \frac{1}{b} = \frac{a}{b} \text{ (단, } b \neq 0\text{)}$$

예를 들면 $x \div 3 = x \times \frac{1}{3} = \frac{x}{3}$ 와 같이 나눗셈 기호 ÷를 쓰지 않고 분수꼴인 $\frac{x}{3}$로 나타낸다.

$\frac{x}{3}$는 $\frac{1}{3}x$, $\frac{2x}{3}$는 $\frac{2}{3}x$와 같이 쓰기도 한다. 그리고 $a \div 1 = \frac{a}{1} = a$, $a \div (-1) = \frac{a}{-1} = -a$와 같이 1이나 -1로 나누는 경우 1은 생략한다.

특히 ②에서 $0.1 \times a$는 $0.a$로 쓰지 않고 $0.1a$로 쓴다는 것에 유의해야 한다. 또한 수와 수의 곱을 할 때에는 곱셈 기호를 생략하지 않는다는 것에 주의해야 한다. 만약 곱셈 기호를 생략하고 싶다면 기호 × 대신에 '·'를 사용하여 $2 \times 3 = 6$을 $2 \cdot 3 = 6$으로 나타낸다.

학생들이 주어진 문제를 문자를 이용하여 식으로 나타낼 때 가장 어려워하는 부분은 농도에 관한 문제이다. 예를 들어, 농도가 $a\%$인 소금물 30g 속에 녹아 있는 소금의 양을 식으로 나타내어보자. 이 문제를 풀기 위하여 반드시 알아두어야 할 소금물의 양과 소금의 양 사이의 관계는 다음과 같다.

$$(\text{소금의 양}) = (\text{소금물의 양}) \times (\text{농도}) \times \frac{1}{100}$$

구하는 소금의 양은 $30 \times \frac{a}{100} = \frac{3}{10}a \ (g)$

이와 비슷한 문제로, 12g의 소금이 녹아 있는 소금물 200g과 15g의 소금이 녹아 있는 소금물 300g이 있을 때, 각 소금물의 농도를 구해보자. 먼저, 소금 12g이 녹아 있는 소금물 200g의 농도는 $\frac{12}{200} = 0.06$이므로 6%이고, 소금 15g이 녹아 있는 소금물 300g의 농도는 $\frac{15}{300} = 0.05$이므로 5%이다. 따라서 12g의 소금이 녹아 있는 소금물 200g이 더 짜다.

이제 어느 정도 문자를 사용하는데 익숙해졌다면 앞에서 주어진 문제로 돌아가자. 처음에 주어진 문제는 문자를 사용하여 식을 세우는 것이다. 이때에는 첫째, 문제의 뜻을 정확히 파악하고 그에 맞는 규칙을 찾아낸 후, 둘째, 위에서 찾은 규칙에 문자를 사용하여 식을 세워야 한다. 따라서 문제를 올바르게 풀어보면 다음과 같다.

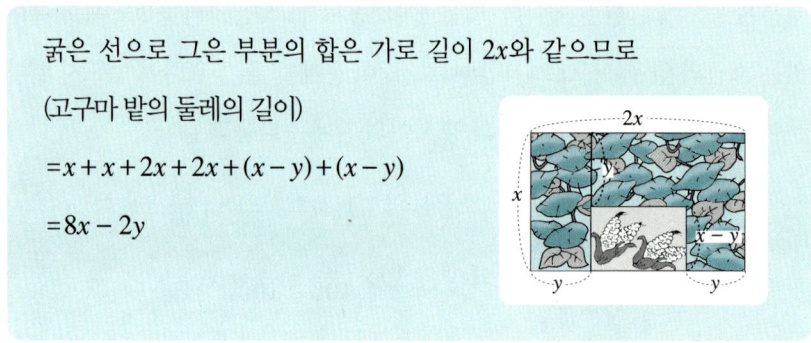

굵은 선으로 그은 부분의 합은 가로 길이 $2x$와 같으므로

(고구마 밭의 둘레의 길이)
$= x + x + 2x + 2x + (x - y) + (x - y)$
$= 8x - 2y$

쉬어가기

사람들은 옛날부터 숫자에 신비스러움이 있다고 믿어왔고, 동양에서는 홀수 1, 3, 5, 7, 9 등에 특별한 힘이 있다고 생각했다. 이러한 믿음 중에서 특히 숫자 9에 대한 신비스러움은 많이 알려져 있다.

연필과 종이를 준비한 다음 9를 이용하는 재미있는 숫자 게임을 해보자.

1. 친구에게 12,345,679 중에서 숫자 하나를 선택하게 한다.
   (예를 들어 3을 선택했다고 하자.)

2. 그 선택한 숫자를 12,345,679에 곱하게 한다.
   (12,345,679 × 3 = 37,037,037)

3. 2번에서 계산한 결과에 다시 9를 곱하게 한다.
   (37,037,037 × 9 = 333,333,333)

4. 그 결과를 보면 친구가 처음에 선택했던 숫자는 3임을 알 수 있다.

이번에는 숫자 9를 이용하여 나이를 맞추는 게임을 해보자. 사실 이 게임은 퍼즐의 천재로 알려진 샘 로이드(Sam Loyd)가 만들어낸 것인데, 만약 우리가 사용하고 있는 진법이 5진법이라면 9 대신에 5를 사용하면 똑같은 결과를 얻을 수 있게 된다.

다음과 같은 차례대로 해보자.

1. 상대방에게 행운의 숫자 90을 기억하라고 한다.

2. 종이에 본인의 나이를 다른 사람이 알아볼 수 없도록 쓰게 한다.
   (예를 들어 15세라고 하자.)

3. 본인의 나이에 행운의 숫자를 더하게 한다.

$$\begin{array}{r} 15 \\ +\ 90 \\ \hline 105 \end{array}$$

4. 3번의 계산 결과에서 백의 자리를 일의 자리에 더하게 한다.

$$\begin{array}{r} 15 \\ +\ 90 \\ \hline 105 \\ 1 \\ \hline 06 \end{array}$$

5. 4번의 결과를 알려달라고 한 후, 그 숫자에 9를 더하면 상대방의 나이가 된다.

이 게임에서 중요한 것은 '행운의 숫자'이다. 행운의 숫자는 항상 90인데 상대방이 이 행운의 숫자를 바꾸길 원할 경우가 있다. 이때에는 1부터 90까지 숫자 중에서 본인이 좋아하는 숫자를 행운의 숫자로 정하게 하고 그것을 알려 달라고 해야 한다.

위의 게임에서 알 수 있듯이 사실 나이에 처음 더한 숫자는 90이고, 마지막 결과에 다시 9를 더하였다. 따라서 행운의 숫자가 바뀌어도 그 합이 99가 될 수

있도록 해주면 된다. 예를 들어 행운의 숫자를 85로 정했다면

$$\begin{array}{r} 15 \\ +\ 85 \\ \hline 100 \end{array}$$

이고, 85는 90보다 5가 적으므로 계산 결과에 5를 더해주고, 마지막 결과에 다시 9를 더해준다. 결국 14를 더해주면 된다. 그러나 처음부터 14를 더해주면 원하는 결과를 얻을 수 없으므로 반드시 차례를 지켜서 더해주어야 한다. 즉,

$$\begin{array}{r} 15 \\ +\ 85 \\ \hline 100 \\ 1 \\ \hline 1 \end{array}$$

따라서 상대방의 나이는 1+14 =15세이다.

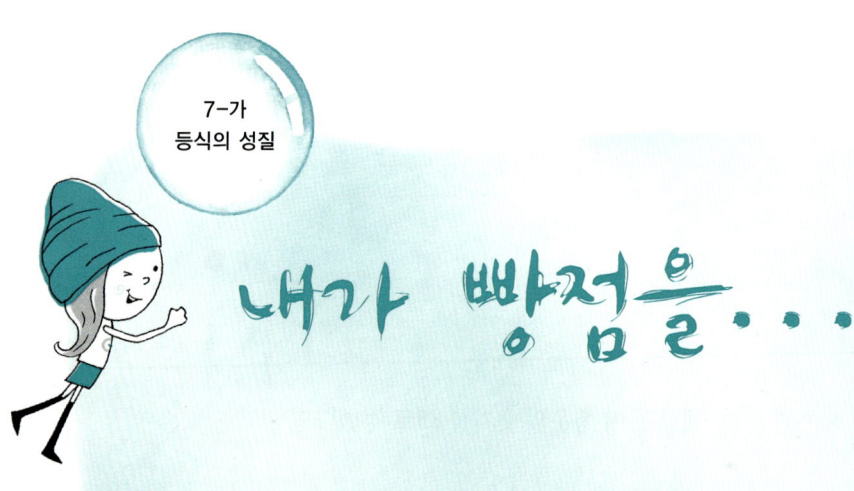

> 7-가
> 등식의 성질

이제 점점 여름이 가까워지나보다.

오늘 아침 첫 시간은 수학이다. 그런데 요즘 수학 선생님께서는 지난번 우리들의 중간고사 성적이 좋지 않았다며 매시간마다 5분씩 쪽지시험을 보신다. 문제는 단 한 개.

오늘은 등식의 성질과 일차방정식에 관한 문제가 나올 것이다.

하지만 난 걱정하지 않는다. 어제 정민이와 함께 열심히 공부했기 때문이다. 수학시간이 시작되자 선생님께서 시험지를 나누어주셨지만 나는 보통 때와는 다르게 떨리지 않았다. 문제는 너무 쉬웠다.

방정식 $-\dfrac{3x-3}{5}=3(\dfrac{1}{3}x+3)$을 풀어라.

나는 후다닥 풀고 선생님께 답안지를 제출했다.

그런데 잠시 후 선생님께서

"민정이는 수학 공부를 좀더 해야겠다. 이렇게 쉬운 문제를 틀려서야 되겠니?"

순간 나는 너무 창피했다. 도대체 내가 뭘 틀렸을까?

 방정식 $-\dfrac{3x-3}{5} = 3\left(\dfrac{1}{3}x + 3\right)$을 풀어라.

 좌변의 분모가 5이므로 5를 곱하면

$$-3x - 3 = 3\left(\dfrac{1}{3}x + 3\right)$$

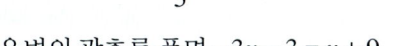

우변의 괄호를 풀면 $-3x - 3 = x + 9$

등식의 성질을 이용하여 양변에서 똑같이 x를 빼면

$$-3x - 3 - x = x + 9 - x$$

즉, $-4x - 3 = 9$

양변에 똑같이 3을 더해주면 $-4x = 12$

따라서 $x = -3$

 민정이는 좌변의 분모가 5이므로 5를 곱했는데, 잘못하여 좌변에만 곱했다. 하지만 등식의 성질에 의하면 양변에 똑같이 곱해야 하므로

$$-3x + 3 = 15\left(\dfrac{1}{3}x + 3\right)$$

가 된다. 그리고 $-(3x - 3) = -3x + 3$임에 특히 주의해야 한다.
학생들은 괄호 앞에 $-$가 붙어 있는 경우 부호를 바꾸지 않는 경우가 종종 있다.

방정식을 풀 때 등식의 성질을 이용하자

'2와 3을 더하면 5이다.'를 식으로 나타내면 어떻게 될까? 또는 'x의 2배에 3을 더하면 13이다.'를 식으로 나타내면 어떻게 될까? 앞의 것은 '$2 + 3 = 5$' 이고 뒤의 것은 '$2x + 3 = 13$' 이다. 이와 같이 등호를 사용하여 두 수 또는 식이 같음을 나타낸 식을 등식이라고 한다. 또, 등식에서 등호의 왼쪽 부분을 **좌변**, 오른쪽 부분을 **우변**이라고 하고, 좌변과 우변을 동시에 말할 때에는 **양변**이라고 한다. 등식은 여러 가지 성질이 있는데 그런 것들을 다음과 같은 접시저울 그림으로 알아보자.

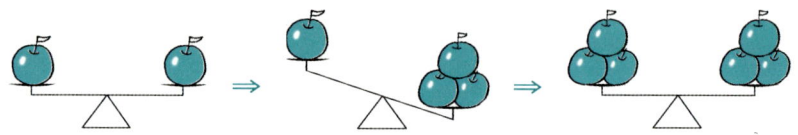

위의 그림으로부터 처음에는 평형을 유지하다가 한쪽에 사과를 올려놓는 순간 평형은 깨진다. 그러나 같은 무게의 사과를 다른 쪽에도 똑같이 올린다면 다시 평형을 유지하게 된다. 등식에도 이와 같은 성질이 있다. 즉, 등식의 양변에 같은 수를 더하거나 빼도 등식은 성립한다.

마찬가지로 저울의 양쪽 접시 위에 처음 사과의 무게를 같은 배수로 늘리거나, 같은 배수로 줄여도 저울은 수평을 이룬다.

등식에서도 이와 같은 성질이 있다. 등식의 양변에 같은 수를 곱하거나 양변을 0이 아닌 같은 수로 나누어도 등식은 성립한다.

일반적으로 등식에는 다음과 같은 성질이 있다.

① 등식의 양변에 같은 수를 더하여도 등식은 성립한다.

   즉, $a = b$ 이면 $a + c = b + c$

② 등식의 양변에서 같은 수를 빼도 등식은 성립한다.

즉, $a = b$ 이면 $a - c = b - c$

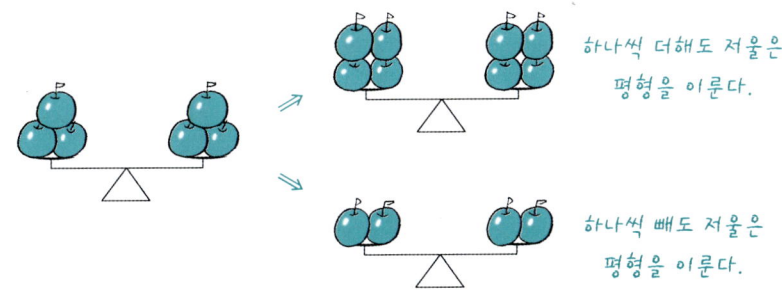

③ 등식의 양변에 같은 수를 곱하여도 등식은 성립한다.

즉, $a = b$ 이면 $ac = bc$

④ 등식의 양변을 0이 아닌 같은 수로 나누어도 등식은 성립한다.

즉, $a = b$ 이면 $\dfrac{a}{c} = \dfrac{b}{c}$ (단, c는 0이 아니다.)

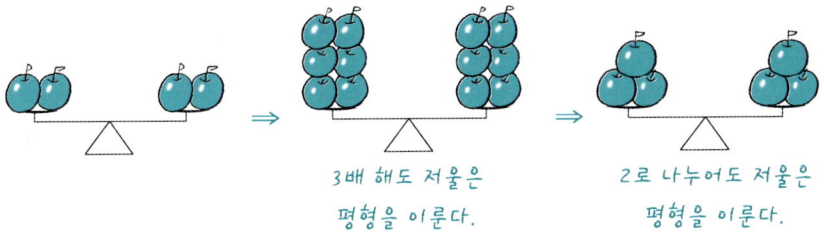

위의 등식의 성질 ①에서 c가 음수이면 등식의 성질 ②와 같다. 즉, $a = b$ 이면 $a + (-c) = b + (-c)$ 이므로 $a - c = b - c$ 이다. 또한 등식의 성질 ③에서 c가 분수이면 등식의 성질 ④와 같다. 즉, $a = b$ 이면 $a \times \dfrac{1}{c} = b \times \dfrac{1}{c}$ 이므로 $\dfrac{a}{c} = \dfrac{b}{c}$ 이다. 따라서 등식의 성질 ①, ②를 같은 것으로 보고, 등식의 성질 ③, ④를 같은 것으로 볼 수 있다.

이제 등식의 성질을 이용하여 방정식을 푸는 것에 대하여 알아보자.

앞에서 이용한 접시저울을 이용하여 방정식 $x + 4 = 6$ 을 풀어보자.

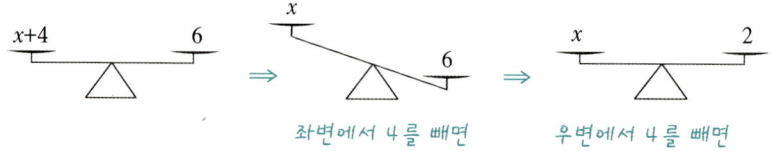

위의 그림을 식으로 나타내보면, 첫 번째 그림은 $x + 4 = 6$이다. 여기서 왼쪽의 접시에서 4를 빼내면 저울은 평형을 잃고 오른쪽으로 기운다. 마지막으로 오른쪽에서도 왼쪽에서 뺀 것과 같이 4를 빼내면 저울은 다시 평형을 이룬다. 즉, 식으로 나타내면 다음과 같다.

$$x + 4 = 6 \rightarrow x + 4 - 4 = 6 - 4 \rightarrow x = 2$$

등식의 성질을 이용하여 방정식을 풀 때 어떤 등식의 성질을 이용하면 'x = 어떤 수'의 꼴로 될 수 있는지를 생각해보아야 한다. 보통 좌변에 있는 상수항을 우변으로 옮겨서 '$ax = b$'의 꼴로 만든 후 양변을 $a(a \neq 0)$로 나누면 'x = 어떤 수'의 꼴이 되어 방정식의 해를 구할 수 있다. 예를 들어, $x - 2 = 5$를 등식의 성질을 이용하여 변형하는 과정으로 이항에 대하여 알아보자.

① $x - 2 = 5$ ⟶ ② $x - 2 + 2 = 5 + 2$ ⟶ ③ $x = 7$
(양변에 2를 더한다)　　　　　　　　　(간단히 한다)

여기서 ②식의 좌변에서 $-2 + 2$는 0이므로 생략하여 쓸 수 있다. 따라서, 이 과정은

① $x - 2 = 5$ ⟶ ③ $x = 5 + 2 = 7$
(−2를 우변으로 이항한다)

으로 간단히 나타낼 수 있다.

이와 같이 등식의 성질 ① 또는 ②를 이용하여 한 변에 있는 항을 부호만 바꾸어서 다른 변으로 옮기는 것을 이항이라고 한다.

등식의 성질을 이용하여 일차방정식을 푸는 방법을 정리하면 다음과 같다.

① 미지수 x의 계수에 분수나 소수가 있으면 양변에 알맞은 수를 곱하여 계수를 정수로 고친다.
② 괄호가 있으면 괄호를 풀고 정리한다.
③ 등식의 덧셈과 뺄셈의 성질을 이용하여 미지수를 포함하는 항은 좌변으로, 상수항은 우변으로 오도록 정리한다.
④ 양변을 정리하여 $ax = b$(단, $a \neq 0$)의 꼴로 고친다.
⑤ 양변을 x의 계수 a로 나누어 'x=어떤 수'의 꼴로 나타낸다.

위에서 제시한 풀이 방법으로 올바르게 풀면 다음과 같다.

방정식 $-\dfrac{3x-3}{5} = 3(\dfrac{1}{3}x + 3)$에서 양변에 5를 곱하면

$$-3x + 3 = 15(\dfrac{1}{3}x + 3)$$

괄호를 풀면

$$-3x + 3 = 5x + 45$$

양변을 정리하면

$$8x = -42$$

$$\therefore x = -\dfrac{42}{8} = -\dfrac{21}{4}$$

기말고사 문제는?

7-가
일차방정식의 활용

며칠 전부터 기말고사가 시작되었다. 나름대로 열심히 준비했지만 시험을 보고 나오면 늘 아쉬움이 남는다.

드디어 오늘은 기말고사 마지막 날이자 수학 시험이 있는 날이다. 힘든 기말고사가 끝나면 정민이와 놀이공원에 가기로 했다. 내가 좋아하는 바이킹을 타며 그동안 시험에 시달린 나의 머리를 깨끗하게 씻으리라 다짐했다.

드디어 수학 시험 시작종이 울렸다. 이번에는 긴장하지 않고 침착하게 풀겠다고 다짐했다. 그러나 시험지를 받아든 순간 까만 것은 글씨고, 하얀 것은 종이! 이럴 수가! 감독 선생님께서 문제지와 답안지를 나눠주신 후 몇 분이 지났을까?

나는 전체 시험 문제의 $\frac{1}{4}$을 풀었다. 다시 땀을 뻘뻘 흘리며 남은 문제의 $\frac{1}{3}$을 풀었다.

그리고 시계를 보니 시험 종료까지는 20분 남았다. 나는 젖 먹던 힘까지 다해 남은 문제의 $\frac{1}{2}$을 풀었다.

이제 남은 문제는 5문제 그리고 시계를 보니 남은 시간은 정확히 10분.

'최선을 다하자.'고 마음먹고 있는 힘을 다해 마지막 문제까지 풀고 나자 시험 종료를 알리는 종이 울렸다.

휴~ 좋은 결과가 나와야 할 텐데.

 위의 이야기에서 민정이가 푼 수학 시험문제는 모두 몇 문제일까?

 전체 문제의 개수를 x 라 하면 문제의 합은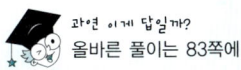

$$\frac{1}{4}x + \frac{1}{3}x + \frac{1}{2}x + 5 = x \quad 즉, \quad \frac{3x + 4x + 6x + 60}{12} = x$$

따라서 $\frac{13x + 60}{12} = x, \quad 13x + 60 = 12x$

따라서 $x = -60$ …… 어, 이상하다?

 민정이는 풀고 남은 문제의 개수를 전체의 개수로 착각하여 풀었다. 이런 풀이는 학생들이 흔히 하는 실수인데, 제시된 문제를 신중하게 읽고 뜻을 정확하게 파악하는 것이 중요하다.

79

문제의 뜻을 파악해야 한다

일차방정식의 응용 문제를 풀 때에는 문장으로 표현된 문제를 식으로 바꾸어 나타내는 것이 중요하다. 그러나 대부분의 학생들은 이것을 어렵게 생각하고 있다. 따라서 식을 세울 때는 문장의 내용을 그림이나 표로 나타내고 이것을 식으로 바꿀 수 있도록 해야 한다. 간혹 학생에 따라서는 식을 세우지 않고 적당한 값을 대입하여 답을 구하려고 하는 경우가 있다. 하지만 방정식의 해는 반드시 식을 세워 문제를 풀 수 있도록 해야 한다. 또한 응용 문제를 푼 후에는 반드시 검산하는 습관을 갖도록 해야 한다.

일차방정식의 활용은 매우 중요한 단원이므로 재미있는 예를 이용하여 방정식의 풀이 방법을 좀더 자세히 알아보자. 다음은 옛날 인도의 수학자 바스카라가 쓴 일차방정식에 관한 시이다.(그런데 여기에 나오는 꽃의 이름과 향기가 매우 생소하므로 저자가 임의로 바꾸었다.)

벌 무리의
5분의 1은 목련꽃으로
3분의 1은 벗꽃으로
그들의 차의 3배의 벌들은 진달래꽃으로 날아갔네.
남겨진 1마리의 벌은
백합의 향기와
개나리 향기에 갈팡질팡하다가
두 사람의 연인에게
말을 시킬 것 같은 남자의 고독처럼
허공을 헤매고 있도다.
벌의 무리는 얼마만큼인가?

이 문제를 올바로 풀기 전에 엉뚱한 곳에서 실수를 한 잘못된 풀이를 살펴보자.

전체 벌의 수를 x 라 하고 위의 시를 식으로 나타내보면

$$x = \frac{x}{5} + \frac{x}{3} + 3\left(\frac{x}{5} - \frac{x}{3}\right) + 1$$

양변에 15를 곱하면

$$15x = 3x + 5x + 15 \times 3 \times \left(\frac{x}{5} - \frac{x}{3}\right) + 15$$

이 식을 풀면 $x = \frac{15}{13}$ 이므로 벌은 모두 $\frac{15}{13}$ 마리이다.

이런 결과가 나온 것은 두 수의 차이를 잘못 계산했기 때문이다. 두 수 a, b의 차이는 큰 수에서 작은 수를 빼면 된다. 이를 테면, 두 수 5와 3의 차이는 -2 가 아니고 2이다. 일반적으로 표현하면 두 수 a, b에 대하여 $a \geq b$ 이면 두 수의 차이는 $a - b$ 이고, $a < b$ 이면 두 수의 차이는 $b - a$ 이다. 그런데 위의 식에서는 차이를 $\frac{x}{5} - \frac{x}{3}$ 로 계산했다. 하지만 $\frac{x}{5}$ 보다 $\frac{x}{3}$ 가 더 큰 수이다. 따라서 엉뚱한 결과가 나온 것이다.

이번에는 일차방정식의 풀이 방법에 따라서 올바르게 푼 경우를 보자.

전체 벌의 수를 x 마리라고 하고 위의 시를 식으로 나타내보면

$$x = \frac{x}{5} + \frac{x}{3} + 3\left(\frac{x}{3} - \frac{x}{5}\right) + 1$$

양변에 15를 곱하면

$$15x = 3x + 5x + 15 \times 3 \times \left(\frac{x}{3} - \frac{x}{5}\right) + 15$$

이 식을 풀면 벌은 모두 15마리임을 알 수 있다.

이제 일반적인 일차방정식을 풀어가는 과정을 알아보자. 그런데 방정식의 풀이는 방정식을 변형하여 $ax = b$ 와 같은 꼴로 만들어야 하므로 '**문자를 포함한 항은 좌변으로, 문자를 포함하지 않은 항은 우변으로 이항한다.**' 는 사실을

항상 기억하고 있어야 한다.

다음 일차방정식을 풀어가며 일차방정식을 푸는 방법을 살펴보자.

$$1.4(x+2) = 2.1x$$

우선 이 방정식에서 계수가 소수이므로 그냥 계산하기 복잡하고 틀리기도 쉽다. 따라서 양변에 똑같이 10을 곱하면

$$14(x+2) = 21x$$

이 방정식에는 괄호가 있으므로 제일 먼저 괄호를 풀어주어야 한다. 괄호를 풀면

$$14x + 28 = 21x$$

가 되고, 앞에서 설명한 것과 같이 문자를 포함한 항을 좌변으로 옮기고, 문자를 포함하지 않은 항을 우변으로 옮기면

$$14x - 21x = -28 \quad 즉, \quad -7x = -28$$

따라서 $x = 4$가 된다.

문장으로 주어진 문제를 해결하려면, 먼저 일상적인 말로 표현된 수량 사이의 관계를 방정식으로 나타내야 한다. 방정식으로 나타낼 때는 같은 관계에 있는 두 수량을 각각 식으로 나타내고 이들을 등호로 연결하면 된다.

일차방정식은 그림을 이용하여 풀 수도 있다. 처음에 주어진 문제를 그림을 이용하여 풀어보자.

먼저 전체의 개수를 다음 그림과 같이 일정한 반지름을 갖는 원 전체라고 하자. 그리고 전체 문제의 $\frac{1}{4}$을 풀고 남은 문제의 개수를 원에 색칠하면 다음과 같다.

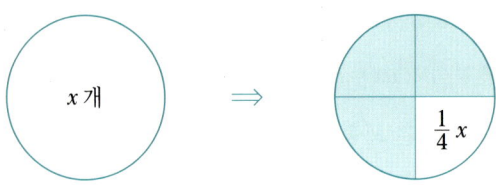

이제 남은 문제의 $\frac{1}{3}$을 풀고 남은 개수를 원에 색칠하면 다음과 같다.

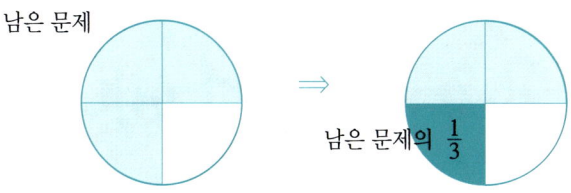

마지막으로 남은 문제의 $\frac{1}{2}$을 풀고 남은 문제를 색칠하면 다음과 같은데, 색칠된 부분의 문제가 모두 5개이므로 전체는 20문제이다.

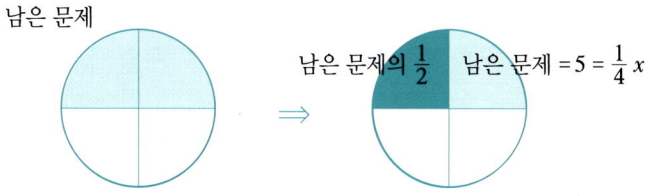

수학 문제를 해결할 때는 이와 같이 그림으로 해결할 수도 있다. 그러나 이런 방법은 정확한 것이 아니므로 반드시 식을 세워서 문제를 풀도록 해야 한다. 이제 앞에서 주어진 문제를 올바르게 풀어보자.

수학 시험 문제의 개수를 총 x개라고 하면

1) 문제의 $\frac{1}{4}$을 풀고 남은 문제는 $x - \frac{1}{4}x = \frac{3}{4}x$(개)이다.

2) 1)의 결과에서 $\frac{1}{3}$을 풀고 남은 문제의 개수는

$$\frac{3}{4}x - \frac{1}{3}\left(\frac{3}{4}x\right) = \frac{3}{4}x - \frac{1}{4}x = \frac{1}{2}x \text{(개)}$$

3) 2)의 결과에서 $\frac{1}{2}$을 풀고 남은 문제의 개수는

$$\frac{1}{2}x - \frac{1}{2}\left(\frac{1}{2}x\right) = \frac{1}{4}x \text{(개)}$$

4) 남은 문제가 모두 5개이므로 $\frac{1}{4}x = 5$

따라서 $x = 20$이다.

그러므로 수학 시험 문제는 모두 20문제이다.

7-가
정비례

공짜는 언제나 좋아

일요일이었던 어제는 빈둥거리며 하루 종일 집에 있었다. 그런데 정민이에게서 전화가 왔다. 자기가 빵을 사준다는 것이었다. 먹는 것이라면 마다할 내가 아니지! 정범이와 같이 집 앞에서 기다리고 있는데, 정민이가 기분 좋은 얼굴을 하고 나타났다. 정민이의 손에는 광고지가 한 장 들려 있었다. 정민이는 의기양양하게 광고지를 내게 내밀며 빵 가게로 가자고 했다. 그 광고지의 내용은 이런 것이었다.

★ 빵 선착순 할인판매 ★

우리 가게에서는 개업 10주년을 맞이하여 그동안 애용해주신 손님 여러분께 감사하는 마음으로 보답하고자 다음과 같은 특별 이벤트를 마련하였습니다.

- 일시: 7월 1일 오전 9시부터 오후 6시까지
- 내용: 첫 번째 손님은 빵 1봉지에 10원
  두 번째 손님은 빵 1봉지에 20원
  세 번째 손님은 빵 1봉지에 30원
   ⋮
- 제한: 빵은 1인당 1봉지씩만 판매하며, 행사는 판매가 990원까지입니다.

빵을 사랑하는 여인 클레오빵트라 올림

하여튼 그날 난 맛있는 빵을 배부르게 먹었다. 매일매일 이렇게 팔면 얼마나 좋을까?

x번째 손님이 지불하는 빵 1봉지의 금액을 y원이라고 할 때, x와 y의 관계식을 구하여라. 이것은 정비례인가?

x와 y 사이의 관계식은 $y = x + 10$이므로 정비례이다.

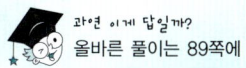
과연 이게 답일까?
올바른 풀이는 89쪽에

민정이의 풀이에서처럼 y와 x 사이의 관계식을 잘못 구하는 경우가 많은데, 특히 $y = x + 10$과 같은 식을 정비례로 알고 있는 학생들이 있다. y가 x에 정비례할 때의 관계식은 $y = ax (a \neq 0)$이다. 즉, $y = ax$의 꼴이 아닌 관계식은 정비례 관계가 아님을 알아야 한다. 이를 테면, $y = x + 10$이나 $y = 3x - 2$ 등은 정비례 관계가 아니다.

85

y=ax인 관계만이 정비례이다

정비례는 대응하여 변하는 두 양 x와 y에서 한쪽의 양 x가 2배, 3배, 4배, …로 변함에 따라 다른 쪽의 양 y도 2배, 3배, 4배, …로 되는 관계가 있는 경우인데, 이때 y는 x에 정비례한다고 한다.

일반적으로, y가 x에 정비례한다면 $y = ax (a \neq 0)$인 관계식이 성립한다. 따라서 $y = ax$의 꼴이 아닌 관계식은 정비례 관계가 아님에 유의해야 한다. 예를 들어, $y = 2x - 1$이나 $y = 3x + 2$ 등은 정비례 관계가 아니다.

실제로, $y = 2x - 1$인 경우를 예로 들어보자.

$y = 2x - 1$에서 x가 1, 2, 3으로 변할 때, y는 1, 3, 5로 변한다. 즉, x가 $x = 1$의 두 배인 $x = 2$로 변할 때 y는 $y = 1$의 두 배인 $y = 2$로 변하지 않는다. 또한 x가 $x = 1$의 세 배인 $x = 3$으로 변할 때 y는 $y = 1$의 세 배인 $y = 3$으로 변하지 않고 $y = 5$로 변한다. 따라서 x가 2배, 3배로 변하여도 y는 2배, 3배로 변하지 않음을 알 수 있다. 그러므로 $y = 2x - 1$은 정비례 관계가 아니다.

정비례 관계를 좌표평면 위에 나타내면 어떻게 될까?

어떤 관계를 만족하는 순서쌍 (x, y)를 좌표평면 위에 나타내는 것을 주어진 관계의 그래프라고 한다.

앞에서 설명한 것과 같이 정비례는 x가 2배, 3배, … 변화함에 따라서 y의 값도 2배, 3배, … 변화한다. 그런데 정비례는 $y = ax$인 관계식이 성립하므로 $x = 0$일 때 반드시 $y = 0$이어야 한다. 즉, 정비례 관계가 있는 경우에 그 그래프는 반드시 좌표평면상의 원점을 지난다. 그러나 정비례가 아닌 관계식인 $y = 2x - 1$의 경우에는 $x = 0$일 때 $y = -1$이므로 원점을 지나지 않는다. 실제로 $y = 2x$와 $y = 2x - 1$에 대하여 $x = 0, 1, 2, 3, 4$를 각 관계식에 대입하면, $y = 2x$의 경우에는 $(0, 0), (1, 2), (2, 4), (3, 6), (4, 8)$을 얻고, $y = 2x - 1$의 경우에는 $(0, -1), (1, 1), (2, 3), (3, 5), (4, 7)$을 얻는다. 따라서 이 순서쌍들을 좌표평면 위에 나타내면 다음 그림과 같다.

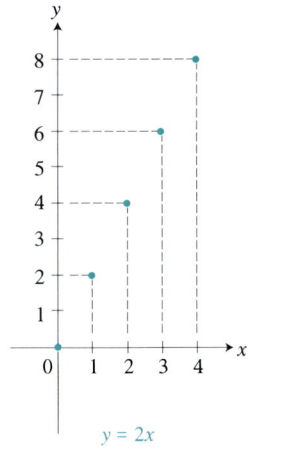
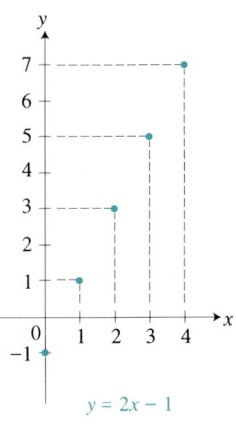

지금까지의 예에서는 x 값의 범위가 0 또는 양수일 때만 알아보았는데, $y = ax (a \neq 0)$인 관계식은 x, y 값의 범위가 양수일 때뿐만 아니라 음수인 경우에도, 또 a가 음수인 경우에도 정비례 관계가 성립한다.

다음의 예를 살펴보자.

y가 x에 정비례하고 x 값에 대한 y 값이 다음과 같을 때, x와 y 사이의 관계를 식으로 나타내면 어떻게 될까?

x	⋯	-2	-1	0	1	2	⋯
y	⋯	6	3	0	-3	-6	⋯

이 문제를 해결하는데 먼저 생각해야 하는 것은 y가 x에 정비례한다는 것이다. y가 x에 정비례하므로 $y = ax$와 같은 식을 먼저 생각할 수 있고, x 값에 어떤 수를 곱하면 y 값이 되는지 살펴보아야 한다. 이 경우에는 $a = -3$이므로 $y = -3x$인 관계식이 성립한다. 이처럼 a가 음수인 경우에도 정비례 관계임을 알아야 한다. 이와 같이 정비례에 관련된 문제를 해결하기 위하며 먼저 y가 x에 정비례 관계가 있다면 '$y = ax$' 라는 식을 떠올려야 한다.

일반적으로, x가 수 전체의 집합에서 변할 때, 정비례 $y = ax$의 그래프는 다음과 같은 성질을 갖는다.

① $a > 0$이면 그래프는 오른쪽 위로 올라가는 직선이고, x 값이 증가하면 y 값도 증가한다.

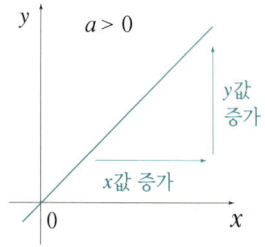

② $a<0$이면 그래프는 오른쪽 아래로 내려가는 직선이고, x 값이 증가하면 y 값은 감소한다.

이제 앞에서 주어진 문제를 올바르게 풀면 다음과 같다.

$x = 1$이면 $y = 10 = 10 \times 1$

$x = 2$이면 $y = 20 = 10 \times 2$

   ⋮

$x = 99$이면 $y = 990 = 10 \times 99$

즉, x가 1, 2, 3, ⋯, 99로 변함에 따라서 y는 10, 20, 30, ⋯, 990으로 변하므로 $y = 10x$인 관계가 성립된다. 이 관계식은 $y = ax$의 꼴이므로 정비례 관계이다.

청소당번

7-가
반비례

우리 반은 모두 40명인데, 4조로 나누어 한 조씩 돌아가며 교실 청소를 한다. 그런데 오늘은 우리 조가 청소하는 날이다. 사실 집에서도 하지 않는 청소를 학교에서 하자니 여간 싫은 게 아니다. 집에서도 엄마는 늘 나보고 "민정아, 제발 정리 좀 하고 공부해라. 그래야 공부가 더 잘 된단다."

"예." 나는 항상 말뿐이었다. 어쨌든 난 청소당번에 걸리는 날이 싫다. 하지만 어쩌겠는가? 청소를 하지 않으면 담임선생님의 불호령이 있을 테니...

그런데 정민이는 나와 다른 조라서 오늘은 청소 당번이 아니다. 하지만 청소를 마치고 우리는 요즘 인기가수 '짱'의 공연을 보러 가기로 했기 때문에 정민이는 우리 조를 열심히 도와주었다. 덕분에 평소에 10명이 30분 걸리던 청소를 좀더 일찍 마칠 수 있었다.

나는 항상 고마운 나의 베스트 프렌드 정민이에게 고맙다는 말 대신 웃어보였다.

10명이 30분 걸려서 청소를 한다고 할 때, 20분에 청소를 마치려면 몇 명이 필요할까? 청소하는 학생수를 x명, 걸리는 시간을 y분이라 놓고 x와 y의 관계식을 구하여라. 그리고 정비례인지 반비례인지 말하여라.

청소하는데 걸리는 시간은 사람 수에 비례하므로
$10:30 = x:20$이다. 이 식을 풀면

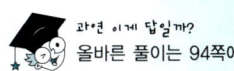
과연 이게 답일까?
올바른 풀이는 94쪽에

$$30x = 10 \times 20 = 200 \qquad \therefore x = \frac{20}{3}$$

따라서 $\frac{20}{3}$명이 필요하고, 정비례이다.

민정이는 청소 시간이 사람 수에 비례한다고 생각했는데, 이것이 잘못된 것이다. 비례한다면 청소 시간이 오래 걸릴수록 사람의 수도 많아져야 한다. 하지만 사람의 수가 많으면 청소 시간이 적게 걸리므로 비례 관계가 아니고 반비례 관계이다. 즉 10명이 교실 청소를 하면 30분이 걸리므로 x명이 y분 동안 청소하면 $xy = 10 \times 30$. 일반적으로 y가 x에 반비례하면 $y = \frac{a}{x}$ ($a \neq 0$, $x \neq 0$)인 관계식이 성립한다.

20분에 청소를 마치려면 $\frac{20}{3}$이 필요한데, 어떻게 나누지?

그러니까 틀렸지. 이건 반비례라고.

대응하여 변하는 두 양 x와 y에서 한쪽의 양 x가 2배, 3배, 4배, …로 변함에 따라 다른 쪽의 양 y는 $\frac{1}{2}$배, $\frac{1}{3}$배, $\frac{1}{4}$배, …가 되는 관계가 있을 때, y는 x에 반비례한다고 한다. 일반적으로 y가 x에 반비례하면 $y = \frac{a}{x} (a \neq 0, x \neq 0)$인 관계식이 성립한다.

x와 y 사이에 $y = \frac{2}{x} + 1$인 관계가 있다고 하면 y는 x에 반비례할까? 이 경우, y가 x에 반비례한다면 x가 2배, 3배, 4배 등으로 변함에 따라 y는 $\frac{1}{2}$배, $\frac{1}{3}$배, $\frac{1}{4}$배 등으로 변하는지 살펴보면 된다. $x = 1$이면 $y = 3$이고, $x = 2$이면 $y = 2$이고, $x = 3$이면 $y = \frac{5}{3}$이고, $x = 4$이면 $y = \frac{3}{2}$이다. 즉, x의 값이 2배, 3배, 4배, …로 변할 때, y값은 $\frac{1}{2}$배, $\frac{1}{3}$배, $\frac{1}{4}$배로 변하지 않았다. 따라서 y는 x에 반비례하지 않는다.

그런데 정비례와 반비례의 관계에서 정비례는 x값이 증가할 때 y값이 증가하고, 반비례는 x값이 증가할 때 y값이 감소하는 관계로 생각하면 안 된다. $y = ax$와 $y = \frac{a}{x}$에서 a가 음수인 경우 정비례 관계에서는 x의 값이 증가할 때 y의 값이 감소하고, 반비례 관계에서는 x의 값이 증가할 때 y의 값이 증가한다. 예를 들어, y가 x에 반비례하고 x의 값에 대한 y의 값이 다음과 같을 때, x와 y 사이의 관계식을 찾아보자.

x	…	-4	-2	-1	1	2	4	…
y	…	2	4	8	-8	-4	-2	…

이 경우는 x값이 -4에서 -1로 증가함에 따라서 y의 값은 2에서 8로 증가했다. 또 x가 1에서 4로 증가함에 따라서 y의 값은 -8에서 -2로 증가했다. 따라서 '반비례는 x의 값이 증가할 때 y의 값이 감소하는 관계'라고 알고 있으면

안 된다.

반비례 관계에서 가장 빈번하게 출제되는 문제는 톱니바퀴 문제일 것이다. 하지만 학생들은 이런 종류의 문제를 자주 틀린다. 예를 들어, 톱니가 20개인 톱니바퀴가 1분에 6번 회전하고 있고, 이와 맞물려 돌아가는 톱니바퀴는 톱니 수가 x 개이고 1분에 y 번 회전한다고 하자. 이때 y 를 x 의 식으로 나타내어보고, 톱니가 30개인 톱니바퀴가 맞물려 돌아간다면 이 톱니바퀴는 1분에 몇 번 회전하는지 알아보자.

톱니가 20개인 톱니바퀴가 1분에 6회전하므로 이와 맞물려 돌아가는 톱니의 수가 x 개이고 1분에 y 회전하면 $xy = 6 \times 20 = 120$ 이란 관계가 있다. 따라서 $y = \frac{120}{x}$ 이므로 y 는 x 에 반비례한다. 또한, 톱니가 30개이면 $y = \frac{120}{30}$ 이므로 1분에 4회전한다. 이처럼 반비례의 응용문제를 풀 때, 문제의 뜻을 정확하게 파악하여 관계식을 얻는 것이 중요하다.

반비례도 정비례와 마찬가지로 x 와 y 의 값을 순서쌍으로 하여 좌표평면 위에 나타낼 수 있다. 즉, 반비례 $y = \frac{a}{x}$ (a 는 0이 아닌 상수, $x \neq 0$)의 그래프는 원점에 대하여 대칭이고, 좌표축을 따라서 뻗어가는 매끄러운 곡선으로 a 의 부호에 따라 다음과 같은 그림을 갖는다.

① $a > 0$ 일 때 : 그래프는 제1사분면과 제3사분면에 있고, x의 값이 증가하면 y의 값은 감소한다.

② $a < 0$ 일 때 : 그래프는 제2사분면과 제4사분면에 있고, x의 값이 증가하면 y의 값도 증가한다.

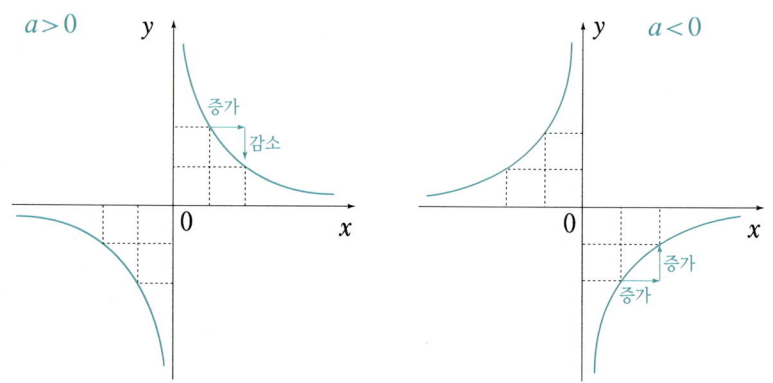

앞에서 설명한 반비례의 올바른 이해를 통하여 문제를 풀면 다음과 같다.

> 10명이 교실청소를 하면 30분이 걸리므로 x명이 y분 동안 청소하면
> $xy = 10 \times 30$
>
> $$\therefore y = \frac{300}{x}$$
>
> 20분에 청소를 마치려면 $y = 20$을 대입하여 $20 = \frac{300}{x}$
>
> $$\therefore x = 15(\text{명})$$
>
> 따라서 15명의 학생이 필요하다. 그리고 $y = \frac{300}{x}$은 $y = \frac{a}{x}$ 꼴이므로 반비례 관계이다.

쉬어가기

뉴턴이 만류인력을 발견하기 이전부터 지상의 모든 물체들은 위에서 아래로 떨어진다. 그러나 수학을 이용하면 거꾸로 올라가는 것도 만들 수 있다.

두꺼운 종이를 준비하여 반으로 접은 후 그림과 같이 비스듬하게 잘라내자.

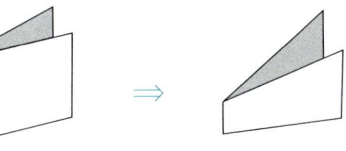

그리고 적당한 크기의 원뿔을 두 개 만든다. 이때 원뿔의 크기를 똑같게 해야 하므로 종이를 겹쳐 놓고 오려내면 좋다.

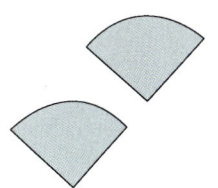 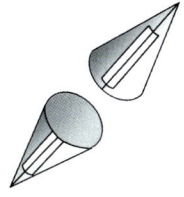 

원뿔 두 개를 붙여서 만든 물체를 그림처럼 레일 AB, AC 위에 올려놓으면, 신기하게도 이 물체는 위로 굴러 올라간다. 이때 레일 AB와 AC를 적당하게 벌려야 한다. 만약 올라가지 않으면 간격을 좀더 벌려서 조정하면 된다.

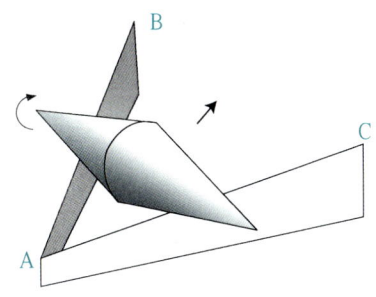

왜 그럴까?

레일은 위로 올라가고 있지만 서로 점차 벌어지기 때문에 물체와 레일이 맞닿은 부분은 물체의 꼭지점에 점점 가까워진다. 그래서 물체가 올라갈수록 물체의 무게중심은 점점 더 낮아지기 때문에 위로 올라가는 것처럼 보이는 것이다.

난 어디쯤일까?

며칠 전에 중간고사가 끝났다. 친구들은 중학생이 되어 받은 점수가 초등학교 때보다 좋지 않다고 울상이다.

하지만 나는 오히려 초등학교 때보다 좋은 성적을 얻었다. 이게 다 '예습, 복습' 덕분일까?

초등학교 때에는 그냥 학교에서만 공부를 하였는데 중학생이 되고 보니 공부 내용도 훨씬 어렵고 양도 많아졌다. 그래서 예습과 복습을 하지 않고서는 내용을 이해하기 어려웠다. 어쨌든 지금부터 열심히 공부하여 디자이너의 꿈을 반드시 이룰 것이다.

그런데 오늘 수학 시간에 선생님께서 우리 반 친구들 중 나와 정민 그리고 현우 이렇게 세 명만 95점을 넘었다고 말씀하셨다. 그렇지만 선생님께서는 상위 30%의 성적이 다른 반보다 좋지 않다고 하셨다. 점수가 궁금해진 나는 상위 30%의 수학 평균을 구해보기로 하였다.

수학 성적(점)	도수(명)
70 이상 ~ 75 미만	7
75 ~ 80	5
80 ~ 85	10
85 ~ 90	6
90 ~ 95	9
95 ~ 100	3
합 계	40

 민정이네 반 점수 도수분포표에서 상위 30%의 평균을 구하여라.

 상위 30%에 해당하는 학생은 $40 \times 0.3 = 12$(명)이다.

90 이상 95 미만에 9명이 있으므로 $93 \times 9 = 837$

95 이상 100 미만에 3명이 있으므로 $98 \times 3 = 294$

따라서, 상위 30%의 평균은 $\dfrac{837+294}{12} = \dfrac{1131}{12} = 94.25$(점)이다.

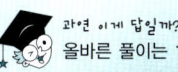 과연 이게 답일까?
올바른 풀이는 103쪽에

 민정이는 도수분포표에서의 평균을 구하는 문제에서 '계급값'을 잘못 이해했다. 계급값은 도수분포표에서 각 계급을 대표하는 값으로서 계급의 중앙값, 즉 각 계급의 양 끝값을 합해 그 합을 $\dfrac{1}{2}$한 것이므로, 계급 90~95의 계급값은 93이 아니고 $\dfrac{90+95}{2} = \dfrac{185}{2} = 92.5$이다.

도수분포표는 야구에서도 필요하다

민정이가 학급의 수학점수를 몇 개의 계급으로 나누고, 각 계급에 속하는 도수를 조사하여 표로 정리한 것을 **도수분포표**라고 한다. 여기서 **계급**이란 변량을 일정한 간격으로 나눈 구간을 말하며 구간의 크기를 계급의 크기, 각 계급에 속하는 자료의 수를 **도수**라고 한다. 도수분포표를 만드는 과정을 구체적인 예를 통하여 알아보자.

도수분포표를 만들 때에 계급을 정하는 것이 학생들에게 그리 쉬운 일이 아니다. 따라서 다음과 같은 차례로 계급을 정하여 도수분포표를 만들면 쉽다.

① 자료 중에서 가장 작은 값과 가장 큰 값은 각각 얼마인가?
② 최소 계급은 얼마부터 시작하는 것이 좋을까? 또 최대 계급은 얼마까지로 하는 것이 좋을까?
③ 계급의 크기를 얼마로 하면 좋을까?
④ 자료 중에서 예외적으로 동떨어진 값은 없는가? 그런 값이 있다면 범위에 포함시켰는가?

도수분포표를 만들 때 계급을 택하는 방법에 따라 도수분포표가 달라지므로 계급을 정하는 것이 무엇보다 중요하다.

다음은 야구 경기에서 한 투수가 6회 동안 던진 투구의 속력(km/시)을 측정한 자료이다.

115	148	130	97	126	141	124	111	152	111
148	110	120	100	102	99	136	153	106	145
132	133	126	128	138	146	94	140	139	140
152	151	129	149	95	103	136	139	145	120
121	135	149	125	146	127	129	100	150	122
123	116	108	134	128	154	116	145	149	92
109	97	111	146	126	137	132	134	128	127
123	112	115	116	118	124	132	124	97	123

이 자료 중에서 가장 작은 값은 92이고 가장 큰 값은 154이다.

투수의 최고 구속은 154이고 최저 구속은 92이므로 이것을 이용하여 최대계급과 최소계급을 정하면 되겠네.

이제야 알아듣는군~

따라서 최소 계급은 90에서 시작하는 것이 좋고 최대 계급은 155 또는 160을 넘지 않게 정하면 된다. 이제 계급의 크기를 얼마로 해야 하는 것이 좋을지가 남았다. 최소 계급은 90이고 최대 계급은 160이므로 그 차이는 70이다. 따라서 계급의 크기를 5씩 하면 13개의 계급이 나오고 10씩 하면 7개의 계급이 나온다. 따라서 어느 경우든지 적당하다고 할 수 있다.

이 도수분포표는 대략적인 내용이 한눈에 들어와 보기 쉽군.

계급(km/시)	도수
90^{이상} ~ 100^{미만}	7
100 ~ 110	7
110 ~ 120	11
120 ~ 130	21
130 ~ 140	14
140 ~ 150	14
150 ~ 160	6
합계	80

계급(km/시)	도수
90 이상 ~ 95 미만	2
95 ~ 100	5
100 ~ 105	4
105 ~ 110	3
110 ~ 115	5
115 ~ 120	6
120 ~ 125	10
125 ~ 130	11
130 ~ 135	7
135 ~ 140	7
140 ~ 145	3
145 ~ 150	11
150 ~ 155	6
합계	80

이 도수분포표는 변량들에 대한 좀더 자세한 분포 상태를 알 수 있다고.

계급을 대표하는 값으로서 계급 중앙의 값을 계급값이라고 한다. 즉, 계급값은 계급의 양 끝값의 합의 $\frac{1}{2}$이다. 이를 테면, 계급이 90~100인 구간의 계급값은 $\frac{90+100}{2}=95$이고, 계급이 90~95인 경우는 $\frac{90+95}{2}=92.5$이다. 어떤 자료를 도수분포표로 나타내면 각각의 자료의 값은 알 수 없게 되고, 그 자료가 속하는 계급을 대표하는 값으로서 계급값을 인식하게 된다. 가령 90 이상 95 미만인 계급에 속하는 투구의 속력은 편의상 92.5로 간주한다. 이와 같은 계급값은 평균을 구하는데 사용되므로 쉽게 구할 수 있어야 한다.

그러나 도수분포표에서 얻어진 도수와 변량을 가지고는 정확한 평균을 구할 수 없다. 즉, 도수분포표에서는 실제 자료의 값이 아니라 계급값을 사용하기 때문에 도수분포표에서 구한 평균은 실제 평균과 다를 수 있다. 그러나 통계 자체가 자료의 대략적 경향을 쉽게 알아보는 것으로 그 의미가 충분함을 이해해야 한다.

위에서 예를 든, 투구 속력에 관한 두 종류의 도수분포표로부터 평균을 구하여 보자. 먼저 계급의 크기를 10으로 했을 때의 평균을 구해보자. 이 경우 계

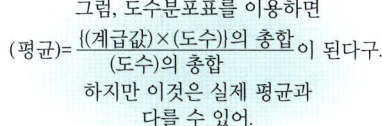

계급값은 95, 105, 115, 125, 135, 145, 155이고, 각 계급값에 대응하는 도수는 각각 7, 7, 11, 21, 14, 14, 6이므로 평균은 다음과 같다.

$$\frac{95\times7+105\times7+115\times11+125\times21+135\times14+145\times14+155\times6}{80} = 126.75$$

이제 계급의 크기를 5로 했을 경우를 구해보자. 즉,

$$\frac{185+487.5+410+322.5+562.5+705+1225+1402.5}{80}$$
$$+\frac{927.5+962.5+427.5+1622.5+915}{80} = 126.94$$

따라서 도수분포표를 바꾸면 평균이 약간 달라지지만 거의 비슷한 결과를 얻었으므로 통계적으로 의미가 있는 것이다.

앞에서 주어진 문제의 평균을 구해보자.

수학 성적(점)	학생 수(명)
70 이상 ~ 75 미만	7
75 ~ 80	5
80 ~ 85	10
85 ~ 90	6
90 ~ 95	9
95 ~ 100	3
합계	40

계급 → (70 이상 ~ 75 미만)   도수 ← (7)

위의 도수분포표에는 학생들의 수학 점수에 대한 정확한 자료 대신에 점수의 범위에 대한 학생 수만 나타나 있다. 따라서 점수의 정확한 값 대신에 계급을 대표하는 값으로 계급값을 사용하여 평균을 구해야 한다. 이를테면, 계급 70점 이상 75점 미만에 속하는 학생 7명의 점수를 모두 72.5점으로 보고 평균을 구한다. 그러면 72.5점을 얻은 학생은 모두 7명이므로 모두 72.5×7=507.5점이다. 앞의 표의 도수분포표에서 각 계급의 계급값을 차례로 구하면 72.5, 77.5, 82.5, 87.5, 92.5, 97.5이고, 도수는 차례로 7, 5, 10, 6, 9, 3 이다. 따라서

$$(평균) = \frac{(72.5 \times 7) + (77.5 \times 5) + (82.5 \times 10) + (87.5 \times 6) + (92.5 \times 9) + (97.5 \times 3)}{40}$$
$$= \frac{507.5 + 387.5 + 825 + 525 + 832.5 + 292.5}{40}$$
$$= 84.25 (점)$$

평균을 구할 때, 다음 표와 같이 계급값, 도수(여기서는 학생수), (계급값)×(도수)의 열을 첨가한 도수분포표를 만들면 한눈에 알아보기 쉽고 편리하다.

수학 성적(점)	계급값	도수	(계급값)×(도수)
70이상 ~ 75미만	72.5	7	507.5
75 ~ 80	77.5	5	387.5
80 ~ 85	82.5	10	825
85 ~ 90	87.5	6	525
90 ~ 95	92.5	9	832.5
95 ~ 100	97.5	3	292.5
합계		40	3370

이제 앞에서 주어진 문제를 올바르게 풀면 다음과 같다.

> 상위 30%에 해당하는 학생은 $40 \times 0.3 = 12$(명)이다. 계급값, 도수, (계급값)×(도수)의 열을 첨가한 도수분포표를 만들면 다음과 같다.
>
> | 수학성적 | 계급값 | 도수 | (계급값)×(도수) |
> |---|---|---|---|
> | 90이상~95미만 | 92.5 | 9 | 832.5 |
> | 95 ~ 100 | 97.5 | 3 | 292.5 |
> | 합계 | | 12 | 1125 |
>
> 따라서,
>
> $$(\text{평균}) = \frac{92.5 \times 9 + 97.5 \times 3}{12}$$
> $$= \frac{832.5 + 292.5}{12}$$
> $$= \frac{1125}{12}$$
> $$= 93.75$$
>
> 그러므로 민정이네 학급의 상위 30% 학생의 수학 점수 평균은 93.75점이다.

7-나
원과 부채꼴

놀이동산에서

식구들과 함께 주말을 이용하여 놀이 공원에 갔다.

우리 가족은 자유이용권을 사서 팔목에 차고 아이스크림을 먹으며 기분 좋게 입장했다. 드디어 내가 좋아하는 바이킹과 자이로드롭을 탈 수 있게 되었다. 제일 먼저 바이킹을 탄 나와 정범이는 신이 나서 소리를 질러댔다. 그 다음으로 탄 것은 범퍼 카였다. 아무하고나 마구 부딪히는 자동차를 몰고 신나게 박치기를 했다. 다음번에는 무엇을 탈까?

그때 엄마께서 말씀하셨다. "얘들아, 우리 같이 탈래?"

나와 정범이는 빠르고 짜릿한 놀이 기구들을 좋아하는 데 엄마께서는 회전목마를 타자고 하신다. "그건 애들이나 타는 거예요."

그래서 좀 재미없긴 하지만 가족이 모두 함께 탈 수 있는 회전 기구를 타기로 했다.

회전기구는 모두 12칸으로 되어 있는데 각 칸이 일정한 간격으로 배치되고 1번부터 12번까지의 번호가 붙어 있었다. 우리는 1번 칸에 타고 서서히 올라가며 놀이동산의 경치를 즐겼다.

놀이기구에서 1번이 4번의 위치까지 회전하였을 때 이동한 거리와 회전한 각은 1번이 2번의 위치까지 회전하였을 때 이동한 거리와 회전한 각의 몇 배인가? 또, 1번과 4번 사이의 직선거리는 1번과 2번 사이의 직선거리의 3배라고 할 수 있는가?

360°를 승차 칸의 개수로 나누면 칸과 칸 사이의 각은 360°÷12=30°이다. 따라서 1번에서 4번까지 움직일 때 승차 칸은 90° 회전한다. 이것은 1번 기구와 2번 기구 사이의 각 30°의 3배이므로 1번 기구가 4번 기구의 위치까지 회전하였을 때 직선거리는 1번 기구와 2번 기구 사이의 직선거리의 3배이다. 그러므로 이동한 거리도 3배이다.

과연 이게 답일까?
올바른 풀이는 109쪽에

민정이 가족이 탔던 놀이기구의 승차 칸 사이의 각은 일정하므로 승차 칸이 1번에서 4번까지 움직일 때 회전한 각의 크기는 1번에서 2번까지 움직일 때 회전한 각의 크기의 3배와 같다. 승차 칸이 1번에서 2번까지 움직인 거리와 2번에서 3번까지 움직인 거리, 그리고 3번에서 4번까지 움직인 거리가 모두 같으므로 1번에서 4번까지 이동한 거리는 1번에서 2번까지 이동한 거리의 3배가 된다. 또한 승차 칸이 회전한 각과 이동한 거리가 정비례하므로 중심각의 크기와 호의 길이는 정비례한다. 하지만 부채꼴의 현의 길이는 중심각의 크기에 정비례하지 않는다.

한 원의 부채꼴의 호의 길이는 중심각의 크기에 정비례한다

평면 위의 한 점 O로부터 같은 거리에 있는 점들로 이루어진 도형을 원이라고 한다. 이때, 점 O를 원의 중심이라 하고, 중심이 O인 원을 원 O라 한다. 또 중심과 이 원 위의 임의의 한 점을 이은 선분을 반지름이라고 한다. 원 위에 어떤 두 점 A, B를 잡으면, 원은 두 부분으로 나누어지는데, 이 두 부분을 각각 호라고 하며 기호로 $\overset{\frown}{AB}$와 같이 나타낸다. 그런데 $\overset{\frown}{AB}$는 보통 작은 쪽의 호를 나타내고, 큰 쪽의 호를 나타내고 싶을 때에는 그림에서와 같이 호 위에 점 C를 잡아 $\overset{\frown}{ACB}$와 같이 나타낸다.

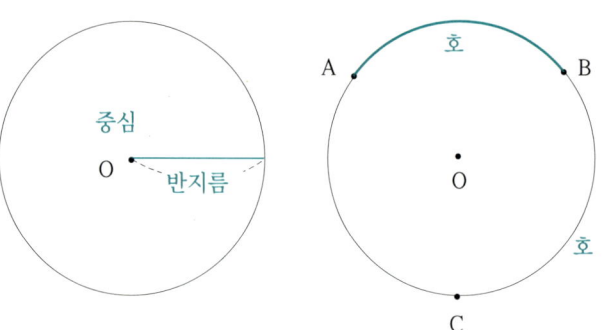

한 편, 원 위의 두 점을 이은 선분을 현이라 하고, 양 끝 점이 A, B인 현을 현 AB라고 한다. 특히, 원의 중심을 지나는 현을 원의 지름이라고 한다. 그림에서와 같이 지름은 원에서 길이가 가장 긴 현이다. 그리고 $\overset{\frown}{AB}$와 현 AB로 이루어진 도형을 활 모양이라고 해서 활꼴이라고 한다.

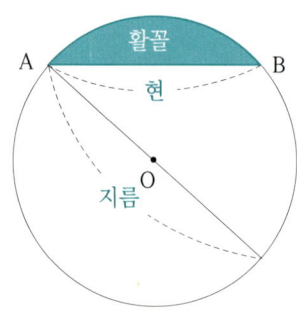

다음 그림과 같이 원 O의 두 반지름 OA, OB와 $\overset{\frown}{AB}$로 이루어진 도형은 부채 모양이므로 **부채꼴**이라고 한다. 이때, 두 반지름 OA, OB가 이루는 ∠AOB를 $\overset{\frown}{AB}$에 대한 **중심각**이라 하고, $\overset{\frown}{AB}$를 중심각 ∠AOB에 대한 호라고 한다.

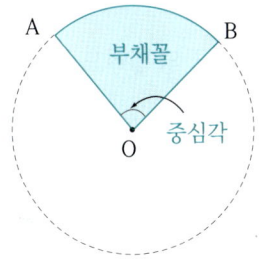 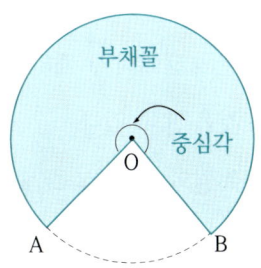

한 원에서 중심각이 같은 부채꼴은 서로 완전히 포개어지므로 호의 길이, 현의 길이, 부채꼴의 넓이는 각각 서로 같다. 또 중심각의 크기가 2배, 3배, 4배, …가 되면, 호의 길이, 부채꼴의 넓이는 각각 2배, 3배, 4배, …가 된다. 이와 같이 한 원에서 호의 길이와 부채꼴의 넓이는 각각 그에 대한 중심각의 크기에 비례한다.

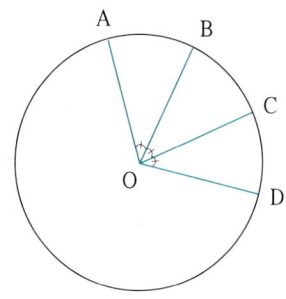

그렇다면 중심각의 크기와 현의 길이 사이에도 비례 관계가 있을까? 다음 그림을 잘 살펴보자.

원 O 위의 점 A, B에 대하여 부채꼴의 호 AB에 대한 중심각 ∠AOB의 크기와 같은 중심각을 갖도록 호 BC를 잡자. 그러면 현 AB와 현 BC의 길이는 같다. 또한 변 OA, OB, OC는 모두 반지름이므로 △AOB와 △BOC는 합동이다. 이제 부채꼴 AOC를 살펴보자. 이 부채꼴의 호는 $\overset{\frown}{AC}$이고 중심각은 ∠AOC이다. 그런데 ∠AOC는 ∠AOB+∠BOC이지만, 현 AC의 길이는 현

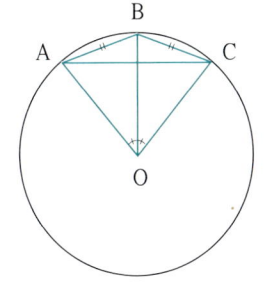

AB와 현 BC를 더한 것보다 짧다. 따라서 중심각의 크기와 현의 길이는 서로 비례하지 않는다는 것을 알 수 있다.

앞의 그림에서 부채꼴의 넓이를 살펴보자. 부채꼴 AOB와 BOC는 중심각의 크기와 반지름의 길이가 같기 때문에 완전히 포개진다. 따라서 두 부채꼴의 넓이는 같다. 그런데 부채꼴 AOC는 이 두 부채꼴을 합쳐놓은 것과 같으므로 작은 부채꼴의 넓이의 두 배와 같다. 즉, 부채꼴의 넓이도 중심각의 크기에 비례한다는 것을 알 수 있다.

일반적으로 원의 중심각과 호 사이에는 다음과 같은 관계가 있다.

① 한 원 또는 합동인 두 원에서 같은 크기의 중심각에 대한 호(또는 현)의 길이는 서로 같다.
② 부채꼴의 호의 길이는 중심각의 크기에 정비례한다.
③ 부채꼴의 넓이는 중심각의 크기에 정비례한다.

아직도 이런 사실에 대하여 의심스러워하는 학생을 위하여 실험을 하나 해보자. 우선, 색종이를 이용하여 반지름이 같은 두 개의 원을 만들어보자. 두 개의 원을 다음 그림과 같이 접자.

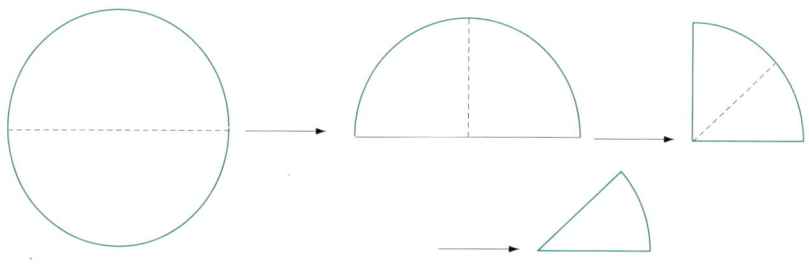

한 원을 접혀진 대로 오려서 다음과 같은 조각을 만들자.
이 조각을 오리지 않은 원에 겹쳐보면서 앞에서 언급한 부채꼴의 호의 길이와 중심각 사이의 관계를 확인해보자.

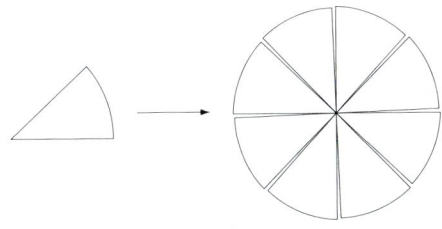

이제 놀이동산 문제로 돌아가서 올바르게 풀면 다음과 같다.

360°를 승차 칸의 개수로 나누면 승차 칸과 칸 사이의 각도를 알 수 있다.

$$360° \div 12 = 30°$$

따라서 승차 칸이 1번에서 4번까지 움직일 때 승차 칸은 90° 회전한다. 이것은 1번 기구와 2번 기구 사이의 각 30°의 3배이므로 1번 기구가 4번 기구의 위치까지 회전하였을 때 이동한 거리는 1번 기구가 2번 기구의 위치까지 이동한 거리의 3배이다.

옆의 그림은 놀이 기구를 평면에 옮겨놓은 것이다. 이 그림에서 부채꼴 AOD의 중심각의 크기는 부채꼴 AOB의 중심각의 크기의 3배이므로 부채꼴 AOD의 호의 길이는 부채꼴 AOB의 호의 길이의 3배이다. 그러나 △AOD에서

$$\overline{AD} < \overline{AB} + \overline{BC} + \overline{CD} = \overline{AB} + \overline{AB} + \overline{AB} = 3\overline{AB}$$

이므로 현 AD의 길이는 현 AB의 길이의 3배가 아니다.

따라서 1번과 4번 사이의 직선 거리는 1번과 2번 사이의 직선거리의 3배가 아니다.

7-나
부채꼴의 넓이

백구야 사랑해

방학을 하자마자 나와 정범이는 시골에 계시는 할아버지 댁에 갔다. 할아버지 댁에는 내가 가장 좋아하는 하얀 털의 강아지 백구가 있다. 점심을 먹고 난 나와 동생 정범이는 백구를 데리고 뒷동산에 올라가기로 했다. 신나서 날뛰는 백구를 데리고 막 나가려고 하는데, 마침 이장님께서 오셨다. 이장님께서는 동네에 쥐가 많아서 쥐약을 놓았기 때문에 당분간 백구를 묶어놓으라고 말씀하셨다. 그래서 할아버지는 백구를 묶어두기로 하셨다.

백구를 묶어둘 곳을 찾으시던 할아버지께서는 백구를 헛간 뒤의 가운데에 묶어놓으셨다. 불쌍한 백구. 묶인 백구를 보다가 문득 궁금증이 하나 생겼다. 백구가 움직일 수 있는 넓이는 얼마나 될까?

나와 정범이는 얼른 줄자를 가지고 와서 이리저리 길이를 재보았다. 그랬더니 헛간은 가로의 길이가 4m, 세로의 길이가 2m인 직사각형 모양이고, 그 한가운데에 3m 길이의 끈으로 백구가 묶여 있었다. 그래서 나는 학교에서 배운 원의 넓이를 구하는 방법으로 이용하여 백구가 움직일 수 있는 영역의 넓이를 구했다.

 위의 이야기에서 백구가 움직일 수 있는 영역의 넓이를 구하여라.(단, 백구의 크기는 생각하지 않으며 백구는 헛간 안으로 들어갈 수 없다.)

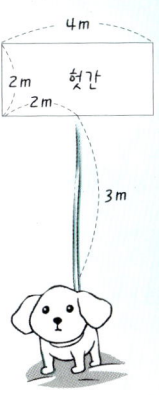

 백구가 묶인 줄의 길이가 3m이므로 반지름이 3m인 원의 넓이를 구한 후 반으로 나누면 된다. 원의 넓이를 구하는 공식이 'π × 반지름 × 반지름'이므로 백구의 활동 영역은

$$\frac{\pi \times 3^2}{2} = \frac{9}{2}\pi \, (m^2)$$

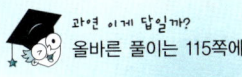
과연 이게 답일까?
올바른 풀이는 115쪽에

 민정이는 큰 원에서 반원의 넓이만을 계산했다. 그러나 잘 생각해보면 백구의 활동 영역에는 큰 원만 있는 것이 아니라, 양 귀퉁이에 작은 4분원이 두 개 더 있다는 것을 알 수 있다. 이와 같은 도형과 관련된 문제는 실수하기 쉬우므로 문제의 뜻을 정확하게 파악하기 위하여 그림을 그려서 생각하는 것이 좋다.

불쌍해 …ㅠㅠ

원, 신비로운 도형

고대의 수학자들이 원의 넓이를 구하는 방법을 알아내기까지 아주 오랜 시간이 걸렸다. 평면도형에서 직사각형의 넓이를 구하는 것은 간단하지만 원의 넓이를 구하는 문제는 매우 어려운 것이었다. 하지만 원의 넓이를 구해야 할 필요성 때문에 고대 수학자들은 끊임없이 연구하여 결국 그 방법을 알아냈다.

원의 넓이를 구하는 공식에 대하여 알아보기 전에 왜 원의 넓이를 구하는 것이 필요했는지 먼저 간략하게 알아보자.

요즘은 시골에 가도 꼬불꼬불한 농지가 없다. 오래 전부터 농지를 반듯하게 꾸미는 작업을 하여 현재에는 그 모양이 대부분 직사각형 모양을 하고 있기 때문에 농지의 크기를 비교적 정확하게 알 수 있고, 그에 따라서 나라에서 세금도 정확하게 거둘 수 있다. 그러나 과거에는 거의 대부분의 땅의 경계가 울퉁불퉁하고 삐뚤빼뚤하여 농지의 넓이가 얼마인지 똑바로 알 수 없었다. 그래서 고대 수학자들은 원을 같은 넓이를 갖는 정사각형으로 바꾸는 문제에 대하여 생각하게 되었다. 만약 그 방법만 알 수 있다면 울퉁불퉁한 경계를 가진 땅

이 부분의 넓이는 얼마일까?

옛날 사람들은 그것을 알기 위하여 작도를 했대.

의 넓이를 비교적 쉽게 구할 수 있기 때문이다. 그러나 이 문제는 '삼대 작도 불가능 문제' 중 하나이다. '삼대 작도 불가능 문제'는 눈금 없는 자와 컴퍼스만 가지고 임의의 각을 삼등분하기, 정육면체의 부피의 두 배가 되는 정육면체 구하기, 그리고 원과 같은 넓이를 갖는 정사각형 구하기 등이다.

원의 넓이를 구하는 방법에 대하여 가장 관심이 많았던 사람은 아르키메데스였다. 그는 여러 가지 방법으로 원의 넓이를 측정하는 방법을 생각했는데, 그로부터 현재 '적분'이라는 고등수학이 출현하게 되었다. 그러나 적분은 중학생이 이해하기에는 매우 어려운 수학적 사실이 많이 요구되기 때문에 생략하고 다른 방법으로 원의 넓이를 구하는 방법을 설명한다. 사실 이 방법도 '극한'이라는 높은 수준의 수학이 필요하지만, 직관적으로 이해할 수 있기 때문에 중학교 과정에서 이해할 수 있을 것이라고 생각된다.

앞에서도 말한 것과 같이 옛날 사람들도 직사각형 모양의 넓이를 구하는 것은 매우 쉬웠다. 따라서 원을 적당히 조작하여 직사각형 모양으로 바꾸는 것이 포인트이다. 다음 그림은 반지름이 r인 원을 하나는 4등분하여 서로 엇갈리게 놓은 것이고, 다른 하나는 8등분하여 서로 엇갈리게 놓은 것이다.

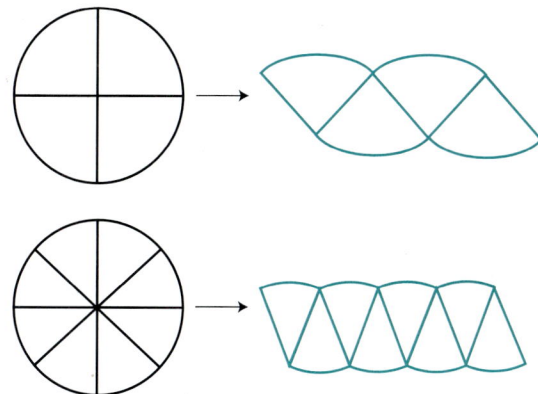

두 그림 중에서 어떤 것이 직사각형에 더 가까운가? 당연히 8등분된 것이 직

사각형에 더 가깝다. 이번에는 원을 16등분하여 서로 엇갈리게 놓아보자. 또 32등분도 해보자.

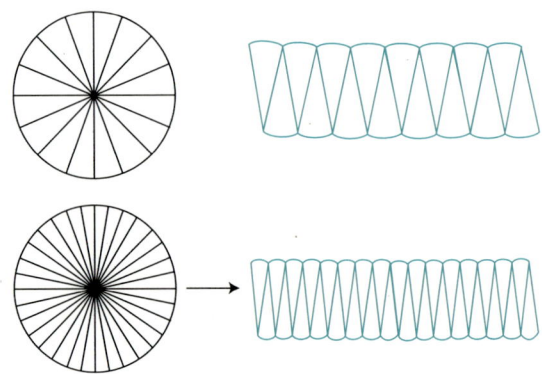

그림에서 보는 것과 같이 원을 같은 크기로 많이 잘라서 엇갈리게 놓을수록 직사각형 모양에 가까워진다는 것을 알 수 있다. 이런 일을 계속 반복하면 어떻게 될까? 아마도 원은 거의 직사각형 모양으로 바뀌게 될 것이다. 그

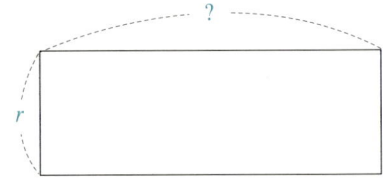

때 생기는 직사각형의 세로는 원의 반지름 r에 가까워진다. 그러면 직사각형의 가로의 길이는 어떻게 될까?

직사각형의 가로의 길이는 반지름이 r인 원의 둘레의 반과 같다는 것을 알 수 있다. 그런데 원의 둘레는 $2\pi r$이므로 직사각형의 가로의 길이는 πr이 된다. 따라서 직사각형의 넓이는 $\pi r \times r = \pi r^2$에 한없이 가까워질 것이다. 사실 이

결국 잘게 잘라서 엇갈리게 붙이면 직사각형이 되네.

그래서 원의 넓이가 πr^2이 되었구나.

공식이 바로 원의 넓이를 구하는 공식이다.

원의 넓이를 구하는 공식이 왜 πr^2인지 알았으니, 이제 처음에 주어진 문제로 돌아가서 올바르게 풀면 다음과 같다.

백구의 활동 영역은 큰 원과 작은 4분원 두 개의 넓이까지 계산해주어야 한다. 즉, (반원의 넓이)=$\frac{1}{2}$(원의 넓이)이므로 구하고자 하는 넓이는 반지름이 3m인 반원과 반지름이 1m인 반원으로 이루어진 영역이다.

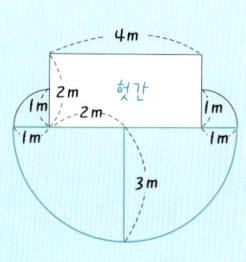

(반지름이 3m인 원의 넓이의 $\frac{1}{2}$)+(반지름이 1m인 원의 넓이의 $\frac{1}{2}$)
$=\pi \times 3^2 \times \frac{1}{2} + \pi \times 1^2 \times \frac{1}{2}$
$=\frac{9}{2}\pi + \frac{\pi}{2}$
$=\frac{10}{2}\pi$
$=5\pi \,(\text{m}^2)$

따라서 백구가 움직일 수 있는 영역의 넓이는 $5\pi \text{m}^2$이다.

7-나
회전체의 겉넓이

두루마리 휴지의 비밀

사실 나는 국어나 수학, 영어와 같은 과목보다는 미술이 더 재미있다. 그리고 엄마와 선생님께서도 "민정이는 미술에 소질이 있구나."라고 늘 말씀하신다.

오늘은 미술 시간에 데생을 하기로 되어 있다. 아그리파를 그리기 위하여 도화지와 4B연필을 잘 깎아서 준비했다. 그리고 지우개와 여러 가지 도구들도 다 챙겼다.

막 학교에 가려는데 엄마께서 부르셨다.

"오늘 미술 준비는 다 했니? 지난번처럼 빠진 것이 있는지 다시 한 번 확인해봐라."

사실 난 좀 덤벙댄다. 지난번에는 지우개를 가지고 가지 않아서 휴지로 살살 문질러낸 적이 있었다.

"아참, 휴지!"

얼른 뛰어 들어가 두루마리 휴지를 한 통 가지고 나왔다.

"준비 끝! 다녀오겠습니다."

어느덧 미술시간이 되어 한참 데생에 열중하고 있는데, 갑자기 딴 생각이 들었다. 내가 가지고 온 두루마리 휴지의 겉넓이는 얼마일까? 난 왜 이렇게 궁금한 게 많지?

 민정이가 가지고 간 두루마리 휴지의 겉넓이를 구하여라.

높이 10cm, 가운데 원의 반지름 2cm,

큰 원의 반지름 7cm

 (겉넓이) = (옆넓이) + 2 × (밑넓이) = $10 \times 14\pi + 2(49\pi - 4\pi)$

= $140\pi + 90\pi = 230\pi (cm^2)$

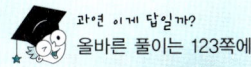 과연 이게 답일까?
올바른 풀이는 123쪽에

 주어진 문제에서 원기둥의 겉넓이를 구할 때, 원기둥 중앙에 빈 공간이 있다는 것에 주의해야 한다. 이 공간에 있는 면의 넓이도 생각해야 한다. 하지만 민정이는 보이지 않는 겉면의 넓이($2\pi \times 2 \times 10 = 40\pi$)를 생각하지 못하는 오류를 범했다. 이 경우도 그림을 그려서 생각하면 분명해진다. 따라서 도형과 관련된 대부분의 문제는 되도록 그림을 그려보는 것이 좋다.

이게 내가 가지고 간 휴지라고.

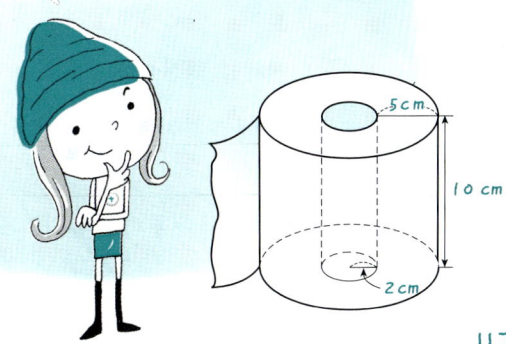

 직사각형을 회전시키면?

다음 그림과 같이 직사각형, 반원, 직각삼각형을 직선 l을 축으로 하여 회전시키면 어떤 입체도형이 될까?

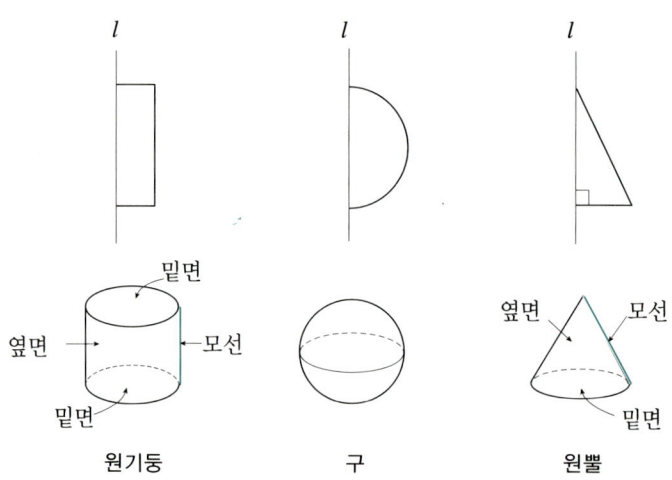

직선 l을 축으로 하여 평면도형을 회전시켰을 때 생기는 입체도형을 **회전체**라고 하고, 직선 l을 **회전축**이라고 한다. 위의 그림에서와 같이 차례대로 원기둥, 구, 원뿔이라고 하는 입체도형이 만들어진다. 이때, 선분 AB를 한 바퀴 회전시킬 때 생기는 회전체의 옆면을 만드는 바탕이 되는 선분을 그 회전체의 **모선**이라고 한다.

일반적으로 회전체는 다음과 같은 성질이 있다.

① 회전체를 회전축에 수직인 평면으로 자르면 그 단면은 항상 원이다.
② 회전체를 회전축을 포함하는 평면으로 잘랐을 때 그 단면은 서로 합동이며 축에 대하여 선대칭도형이다.

앞의 문제에서 두루마리 휴지의 모양은 다음 그림과 같이 직사각형을 회전축으로부터 2cm 떨어뜨려서 회전시킬 때 생기는 회전체이다.

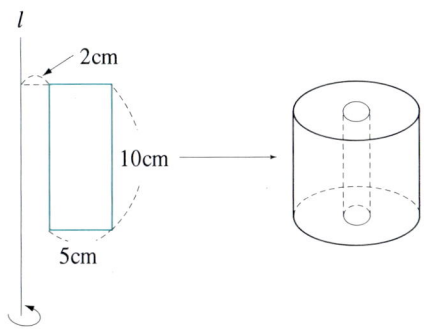

이제, 직사각형을 회전축을 중심으로 회전했을 때 생기는 회전체인 원기둥의 겉넓이를 구하는 방법을 알아보자. 원기둥의 겉넓이는 원기둥의 전개도를 그려서 구하면 되므로 다음과 같다.

(원기둥의 겉넓이) = 2×(밑넓이) + (옆넓이)

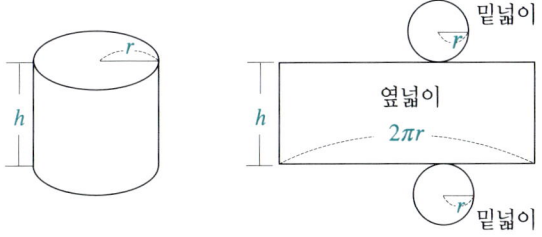

따라서 반지름의 길이가 r, 높이가 h인 원기둥의 밑넓이는 원의 넓이와 같으므로 πr^2인데, 이와 같은 원이 두 개이므로 $2\pi r^2$이다.

원기둥의 전개도에서 옆면의 가로의 길이는 밑면인 원의 원주와 같다는 사실에 유의하여 옆넓이를 구해보면 (옆넓이)=(원주)×(원기둥의 높이)=$2\pi rh$이다. 결국 원기둥의 겉넓이 S는 다음과 같다.

(원기둥의 겉넓이) = $2\pi r^2 + 2\pi rh$

이와 같이 회전체의 겉넓이는 그 회전체의 전개도를 그려보면 쉽게 구할 수 있다. 따라서 각 회전체마다 전개도를 그리는 연습이 필요하다.

이제, 여러 가지 입체도형의 부피를 구하는 방법을 생각해보자.

먼저 각 기둥의 부피를 알아보자.

가로 길이가 a, 세로 길이가 b, 높이가 h인 직육면체의 부피 V는 $V = abh$이다. 이것은 $V = $ (밑넓이) $\times$ (높이)와 같다. 그런데 직육면체도 각기둥의 일종이므로, 일반적으로 각기둥의 부피는 밑넓이가 S이고, 높이가 h인 경우 $V = Sh$ 임을 알 수 있다.

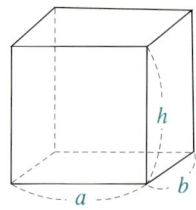
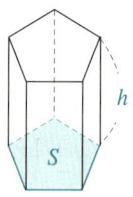

그림에서와 같이 원기둥의 밑면인 원의 반지름의 길이를 r, 높이를 h라 하면

(원기둥의 부피) = (밑넓이) $\times$ (높이) = $\pi r^2 h$

$$V = Sh = \pi r^2 h$$

임을 쉽게 알 수 있다.

다음 그림과 같이 정육면체를 점 B를 꼭지점으로 하고, 면 AEHD, EFGH, CGHD를 각각의 밑면으로 하는 사각뿔 3개로 나누면, 이 사각뿔의 부피는 처음 정육면체의 부피의 $\frac{1}{3}$이 된다는 것을 알 수 있다. 이와 같은 방법으로 각뿔과 원뿔의 부피를 구할 수 있는데, 밑면의 넓이가 S, 높이가 h인 각뿔이나 원뿔의 부피 V는 $V = \frac{1}{3}Sh$이다. 이것은 다음과 같은 실험을 통해 확인할 수 있다.

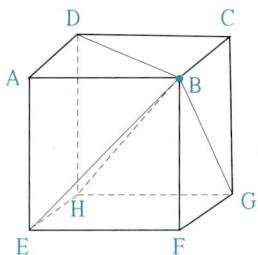 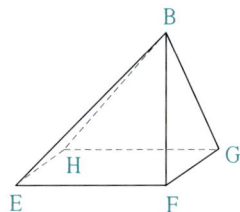

밑넓이와 높이가 같은 원뿔과 원기둥을 만들어 원뿔에 물을 가득 채운 후에 다음 그림과 같이 원기둥에 붓는다.

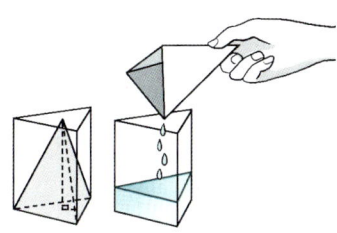 

이 과정을 3번 반복하면 원기둥이 가득 찬다. 즉, 원뿔의 부피는 원기둥의 부피의 $\frac{1}{3}$임을 알 수 있다.

마지막으로 구의 부피를 구하여 보자.

다음 그림과 같이 밑면의 지름의 길이와 높이가 각각 $2r$인 원기둥 모양의 그릇에 물을 가득 채우자. 그리고 여기에 반지름의 길이가 r인 구를 넣어서 넘치는 물의 양을 재어보자. 그러면 넘친 물의 양은 원기둥에 가득 차 있던 물의 양의 $\frac{2}{3}$가 됨을 알 수 있다.

따라서 반지름의 길이가 r인 구의 부피 V는 밑면의 반지름의 길이가 r이고, 높이가 $2r$인 원기둥의 부피의 $\frac{2}{3}$이므로

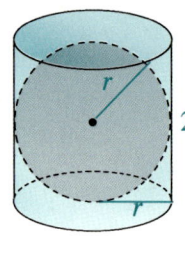

$$V = \frac{2}{3} \times \pi r^2 \times 2r = \frac{4}{3} \pi r^3$$

임을 알 수 있다.

위와 같은 사실로부터, 옆의 그림과 같이 밑면의 지름이 $2r$, 높이가 $2r$인 원기둥 안에 구와 원뿔이 꼭 맞게 들어 있을 때 원뿔, 구, 원기둥의 부피의 비를 구하면 다음과 같다.

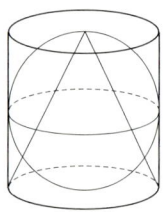

(원뿔의 부피) : (구의 부피) : (원기둥의 부피)

$$= \frac{2}{3}\pi r^3 : \frac{4}{3}\pi r^3 : 2\pi r^3 = 1 : 2 : 3$$

위와 같은 아름다운 조화 때문에 아르키메데스는 그의 묘비에 이 그림을 새겨 줄 것을 유언했는데, 이 묘비는 1965년 시라쿠사에서 발견되었다.

이제, 앞에서 주어진 문제로 돌아가서 올바로 풀면 다음과 같다.

> (겉넓이) = 2×(밑넓이)+(옆넓이)
>
> $= 2(\pi \times 7^2 - \pi \times 2^2) + 2\pi \times 7 \times 10 + 2\pi \times 2 \times 10$
>
> $= 90\pi + 140\pi + 40\pi$
>
> $= 270\pi \, (\text{cm}^2)$
>
> 따라서 두루마리 휴지의 겉넓이는 $270\pi \text{cm}^2$이다.

쉬어가기

흔히들 인류를 이끌어 가고 있는 사고체계는 수학적이라고 한다. 그만큼 수학이 중요하다는 이야기일 것이다. 그러나 대개는 수학적 사고방식에 대하여 거부감을 갖고 있다. 하지만 놀이를 이용한다면 큰 거부감 없이 수학적 사고방식을 키울 수 있다. 그래서 우리도 재미있는 수학 퍼즐을 즐겨보자.

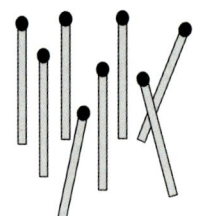

먼저 성냥개비 놀이부터 시작해보자.
성냥개비 8개로 정사각형 두 개와 4개의 삼각형을 만들어 보아라.

다음은 동전 퍼즐이다. 그림과 같이 12개의 동전을 같은 간격으로 배열한 후, 세 개의 동전을 제거하여 같은 크기의 정사각형 모양 세 개를 만들어보아라.

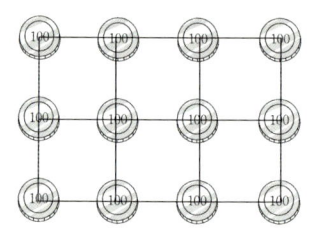

이번에는 양 퍼즐이다. 다음 그림과 같이 정사각형 우리에 같은 간격으로 9마리의 양이 들어 있다. 우리 안에 정사각형 두 개를 그려 넣어 각각의 양을 하나씩 우리에 가두어라.

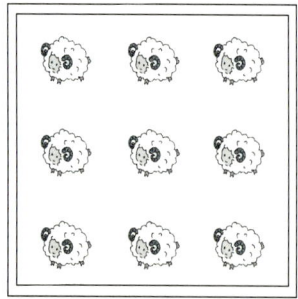

마지막 퍼즐은 좀 어려운 것이다. 1부터 9까지 아홉 개의 숫자를 이용하여 수 100을 만드는 것이

다. 아홉 개의 숫자를 이용하여 100을 만드는데 한 숫자마다 반드시 한 번씩 사용해야 하고 분수를 이용해야 한다는 것이다. 예를 들어 다음과 같다.

$$100 = 96\frac{2148}{537}$$

과연 몇 가지나 있을까?

마지막 답은 다음과 같으며 그 결과가 모두 100이 된다.

$$96\frac{2148}{537}, \ 96\frac{1752}{438}, \ 96\frac{1428}{357}, \ 94\frac{1578}{263}, \ 91\frac{7524}{836}, \ 91\frac{5823}{647}$$

$$91\frac{5742}{638}, \ 82\frac{3546}{197}, \ 81\frac{7524}{396}, \ 81\frac{5643}{297}, \ 3\frac{69258}{714}$$

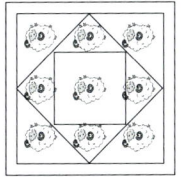 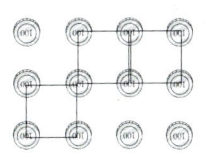 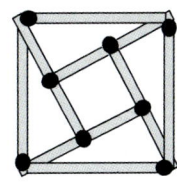

각 꼭짓점의 합은 다음과 같다.

125

> 8-가
> 순환소수의
> 분수 표현

나는 청개구리

학교에서 돌아오니 엄마께서 외출 준비를 하고 계셨다.

"어디 가세요?"

"응. 양로원에 봉사 활동 가는 날인데, 아마 밤 10시는 되어야 할 것 같구나. 저녁은 준비해 놓았으니 정범이와 같이 먹고, 숙제부터 하고 놀아라."

"예! 안녕히 다녀오세요."

엄마께서 나가시자마자 나와 정범이는 컴퓨터 게임을 잠깐 하고 숙제를 하기로 했다.

늘 그렇지만 엄마께서는 학교에서 돌아오면 숙제부터 먼저 하고 남는 시간에 놀라고 하시지만 나는 청개구리처럼 반대로 놀기부터 하고 저녁 늦게 숙제를 한다.

오늘도 정범이와 재미있게 놀다가 숙제를 해야겠다는 생각에 시계를 보니 벌써 밤 10시... 큰일 났다.

엄마께서 돌아오실 시간이다.

부랴부랴 숙제가 무엇인지 찾았다. 그런데 숙제의 내용을 적어놓은 쪽지를 그만 학교에 두고온 것이 생각났다. 얼른 정민이에게 전화를 했다. 크크크... 그런데 정민이도 이제야 숙제를 시작한다고 한다. 역시 우리는 단짝이다.

어쨌든, 숙제는 순환소수 부분에서 문제를 풀어오기였다.

나는 책을 펴고 계산을 시작했다. 빨리하고 자야지.

급한 마음에 나는 어떤 자연수에 $2.5\dot{7}$을 곱해야 할 것을 잘못 보고 2.57을 곱하였더니 계산 결과가 정답보다 0.07이 작게 나왔다.

아~ 도대체 뭐가 틀렸을까? 졸려서 생각도 나지 않는다.

엄마 말씀대로 숙제는 학교에서 돌아오면 바로 해야겠다.

어떤 자연수에 $2.5\dot{7}$을 곱해야 할 것을 잘못 보고 2.57을 곱하였더니 계산 결과가 정답보다 0.07이 작게 나왔다. 어떤 자연수는 얼마인가?

$2.57\cdots$을 냠냠
$2.57\cdots$아이, 졸려.

 어떤 자연수를 x 라 하면 다음과 같은 식을 얻는다.

$$x \times 2.5\dot{7} - x \times 2.57 = 0.07 \quad \cdots\cdots ㉠$$

이 문제를 풀기 위해 먼저 $2.5\dot{7}$ 을 계산하면 다음과 같다.

순환소수 $2.5\dot{7}$ 을 t 라 놓으면 $\quad t = 2.5777\cdots \quad \cdots\cdots ①$

①의 양변에 10을 곱하면 $\quad 10t = 25.7777\cdots \quad \cdots\cdots ②$

②에서 ①을 변끼리 빼면 $\quad 9t = 23 \quad \therefore t = \dfrac{23}{9}$

따라서 ㉠식은

$$x(2.5\dot{7} - 2.57) = 0.07$$

$$x\left(\dfrac{23}{9} - \dfrac{257}{100}\right) = \dfrac{7}{100}$$

$$x \times \dfrac{2300 - 2313}{900} = \dfrac{7}{100}$$

$$-\dfrac{13}{900} x = \dfrac{63}{900}$$

$$\therefore x = -\dfrac{63}{13}$$

잉? 이건 자연수가 아닌데…… 또 틀렸군……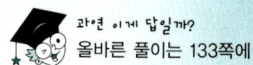

 순환소수 $2.5\dot{7}$ 을 t 라 놓으면 $\quad t = 2.5777\cdots \quad \cdots\cdots ①$
①의 양변에 10을 곱하면 $\quad 10t = 25.777\cdots \quad \cdots\cdots ②$
②에서 ①을 변끼리 빼면 $\quad 9t = 23.2$

이다. 그러나 민정이는 $9t = 23$ 이라고 계산했다. 실제로 순환소수를 분수로 고칠 때 많은 학생들이 민정이 같은 실수를 한다. 이와 같은 실수를 피하기 위하여 순환소수에서 순환마디만을 소수점 아래에 남기는 것이 좋다. 즉, $10t = 25.777\cdots$ 과 $100t = 257.777\cdots$ 과 같이 변형한 후에 빼서 소수점 아래의 수를 모두 없애고 계산한다.

순환소수는 유리수이다

p, q가 정수이고 $q \neq 0$일 때, 분수 $\dfrac{p}{q}$의 꼴로 나타내어지는 수를 유리수라고 한다. 그런데 유리수 $\dfrac{p}{q}$는 분자를 분모로 나누어 정수 또는 소수로 나타낼 수 있다. 이를 테면,

$$\dfrac{12}{3} = 4$$

$$\dfrac{1}{4} = 0.25 \quad \cdots\cdots ①$$

$$\dfrac{1}{3} = 0.333\cdots, \quad \dfrac{15}{11} = 1.3636\cdots \quad \cdots\cdots ②$$

이때, ①과 같이 소수점 아래의 0이 아닌 숫자가 유한개인 소수를 유한소수라 하고, ②와 같이 소수점 아래의 숫자가 무한히 많은 소수를 무한소수라고 한다. 즉, 분수를 소수로 나타내면 유한소수와 무한소수 둘 중에 하나가 된다. 이제 생각을 바꾸어 유한소수로 나타낼 수 있는 분수에는 어떤 것들이 있는지 알아보자.

$$0.5 = \dfrac{5}{10}, \quad 0.12 = \dfrac{12}{100} = \dfrac{12}{10^2}, \quad -0.004 = -\dfrac{4}{1000} = -\dfrac{4}{10^3}$$

이와 같이 유한소수를 분수로 나타내면 분모가 10의 거듭제곱꼴이 된다. 그런데 $10 = 2 \times 5$이므로 10의 거듭제곱은 $10^2 = 2^2 \times 5^2, 10^3 = 2^3 \times 5^3$, …와 같이 소수 2와 5의 곱으로 표현되므로 모든 유한소수의 분모는 소수 2와 5의 곱으로 나타낸다. 따라서 유한소수를 기약분수로 나타내면 분모에는 2나 5 이외의 소인수는 없다. 또, 분수를 기약분수로 나타내었을 때 분모의 소인수가 2나 5뿐이면 분모를 10의 거듭제곱꼴로 고칠 수 있으므로 그 분수는 유한소수로 나타낼 수 있다.

그런데 기약분수의 분모가 2나 5 이외의 소인수를 가지고 있다면 분모와 분자에 어떤 수를 곱해도 분모가 10의 거듭제곱이 되지 않는다. 따라서 그 분수는 유한소수로 나타낼 수 없다. 즉, 분수를 기약분수로 나타내었을 때, 분모의 소인수가 2나 5뿐이면 그 분수는 유한소수로 나타낼 수 있다. 그러나 분모에 2나 5 이외의 소인수가 있으면 그 분수는 유한소수로 나타낼 수 없다. 예를 들어,

$$0.15 = \frac{15}{100} = \frac{15}{10^2} = \frac{3 \times 5}{2^2 \times 5^2} = \frac{3}{2^2 \times 5} = \frac{3}{20}$$

이지만, $\frac{5}{6}$ 는 분모가 2나 5 이외의 소인수 3을 가지므로 유한소수로 나타낼 수 없다.

분수 $\frac{5}{6}$ 처럼 소수로 나타내었을 때 소수점 아래 어떤 자리에서부터 일정한 숫자의 배열이 한없이 되풀이 되는 소수들이 있다. 이런 무한소수를 순환소수라고 하며, 되풀이 되는 부분을 그 순환소수의 순환마디라고 한다. 예를 들어 0.8333…의 순환마디는 3이고, 0.232323…의 순환마디는 23이며 0.7434343…의 순환마디는 43이고, 0.234234234…의 순환마디는 234이다. 순환마디는 그 순환마디의 양 끝의 숫자 위에 점을 찍어 다음과 같이 간단히

나타낸다. 즉,

$$0.8333\cdots = 0.8\dot{3}, \quad 0.2323\cdots = 0.\dot{2}\dot{3}$$
$$0.74343\cdots = 0.7\dot{4}\dot{3}, \quad 0.234234\cdots = 0.\dot{2}3\dot{4}$$

와 같이 나타낸다.

순환소수는 기약분수로 나타낼 수 있기 때문에 유리수이다. 예를 들어보자. $0.333\cdots$을 분수로 나타내기 위해 x라 놓으면

$$x = 0.333\cdots \quad \cdots\cdots ①$$

①의 양변에 10을 곱하면

$$10x = 3.333\cdots \quad \cdots\cdots ②$$

②에서 ①을 변끼리 빼면

$$9x = 3$$
$$\therefore x = \frac{3}{9} = \frac{1}{3}$$

또 다른 예로 $0.4\dot{3}$을 분수로 나타내어보자.
앞에서와 같이 $0.4\dot{3}$를 x라 하면

$$x = 0.4333\cdots \quad \cdots\cdots ①$$

①의 양변에 10을 곱하면

$$10x = 4.333\cdots \quad \cdots\cdots ②$$

①의 양변에 100을 곱하면

$$100x = 43.333\cdots \quad \cdots\cdots ③$$

③에서 ②를 변끼리 빼면

$$90x = 39$$

따라서 $x = \dfrac{39}{90}$이다.

이와 같은 방법으로 모든 순환소수는 분수로 바꿀 수 있다. 그러나 순환소수가 나타날 때마다 이런 방법으로 고친다면 많은 시간과 노력이 필요하다. 순환소수를 분수로 빠르게 고치는 방법이 있다. 먼저, 소수 첫째자리부터 순환마디가 시작되는 순환소수를 순순환소수라고 하는데, 이것을 분수로 바꾸는 방법은 이렇다. 분모에는 순환마디의 숫자의 개수만큼 9를 배열하고, 분자에는 순환마디를 적으면 된다.

$$0.\dot{4} = \dfrac{4}{9}, \quad 0.\dot{2}3\dot{4} = \dfrac{234}{999}$$

순환소수의 소수 부분에 순환하지 않는 숫자의 배열이 있는 순환소수를 혼순환소수라고도 한다. 혼순환소수는 다음과 같이 분수로 나타낼 수 있다.

$$0.4\dot{3} = \dfrac{43 - 4}{90} = \dfrac{39}{90}, \quad 0.7\dot{4}\dot{3} = \dfrac{743 - 7}{990} = \dfrac{736}{990}$$

즉, 분모에는 순환마디의 숫자의 개수만큼 9를 배열하고, 그 뒤에 순환하지 않는 수의 개수만큼 0을 배열한다. 분자에는 순환하지 않는 것과 순환마디로 된 자연수에서 순환하지 않는 수를 뺀 것이다.

0.4$\dot{3}$의 소수점 아래 수는 4와 3인데 그 중에서 순환되는 것은 3뿐이야.

따라서 분모의 9의 개수는 1개이고 분자에서 순환되지 않는 수를 빼면 $\dfrac{43-4}{90} = \dfrac{39}{90}$이구나. 정말 쉽군.

이제 앞의 문제의 올바른 풀이를 알아보자.

풀이1 어떤 자연수를 x 라 하면

$$x \times 2.5\dot{7} - x \times 2.57 = 0.07$$

$$x(2.5\dot{7} - 2.57) = 0.07$$

$$0.00\dot{7}x = 0.07$$

$$\frac{7}{900}x = \frac{7}{100}$$

∴ $x = 9$ 이므로, 어떤 자연수는 9이다.

풀이2 순환소수 $2.5\dot{7}$을 분수로 나타낸 다음 풀 수도 있다.

$2.5\dot{7}$을 t 로 놓으면

$$t = 2.5\dot{7}$$

$$t = 2.5777\cdots \qquad \cdots\cdots ①$$

①의 양변에 각각 10, 100을 곱하면

$$10t = 25.777\cdots \qquad \cdots\cdots ②$$

$$100t = 257.777\cdots \qquad \cdots\cdots ③$$

③ − ②를 하면 $90t = 232$

$$t = \frac{232}{90}$$

따라서 어떤 자연수를 x 라 하면

$$x \times 2.5\dot{7} - x \times 2.57 = 0.07$$

$$x\left(\frac{232}{90} - \frac{257}{100}\right) = \frac{7}{100}$$

$$x\left(\frac{2320}{900} - \frac{2313}{900}\right) = \frac{7}{100}$$

$$\frac{7}{900}x = \frac{7}{100}$$

∴ $x = 9$이므로, 어떤 자연수는 9이다.

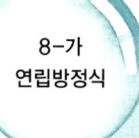

8-가
연립방정식

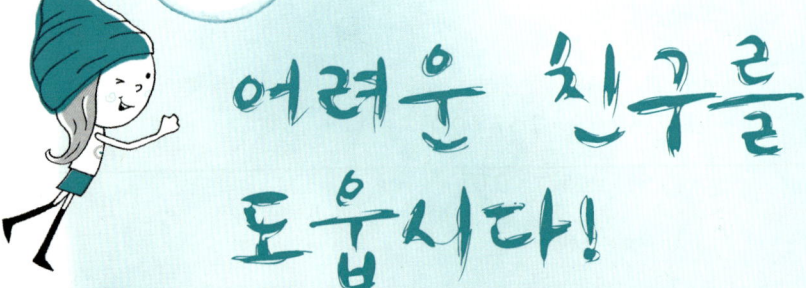

어려운 친구를
도웁시다!

와우! 2박 3일간 설악산으로 수학여행을 다녀왔다.
설악산은 말로 듣던 것보다 훨씬 아름답고 깨끗했다.
3일간의 즐거운 여행을 보내고 집으로 돌아와서 텔레비전을 켰다.
태풍이 불어 남해안 지방에 큰 물난리가 났다는 보도가 계속 이어지고 있었다.
재미있게 다녀온 수학여행 때문에 수재민들에게 어쩐지 미안한 마음이 들었다.
그래서 동생 정범이와 상의한 후에 저녁에 아빠가 퇴근해 오시자마자 부모님께 우리의 생각을 말씀 드렸다.
"아빠, 엄마! 이번에 수재를 당한 분들에게 조금이나마 도움을 드리고 싶어요. 그래서 저와 정범이의 돼지 저금통을 수재민 돕기 성금으로 내려고 해요."
"음. 좋은 생각이다. 아빠, 엄마가 좀더 도와주마."
하시면서 엄마께서 편지봉투에 성금을 넣어주셨다. 아빠께서는 뭐가 그리 좋으신지 나를 보시며 줄곧 미소를 지으셨다.

나와 정범이는 돼지 저금통을 털었다.

우리가 1년 동안 모아온 동전이 우수수 떨어졌는데, 100원짜리 동전과 500원짜리 동전은 모두 50개였다.

그리고 동전을 모두 합한 금액은 21000원이었다.

이 돈을 성금으로 낼 생각을 하니 가슴이 따뜻해지는 느낌이 들었다.

그런데, 과연 우리가 가지고 있는 동전은 100원짜리와 500원짜리가 각각 몇 개씩일까?

 위의 일기에서 100원짜리 동전과 500원짜리 동전의 개수를 각각 구하여라.

분명히 500원짜리가 $\dfrac{419}{8}$개인데……

 100원짜리 동전의 개수를 x, 500원짜리 동전을 y개라 하면

$$x + y = 50$$

동전을 모두 합한 금액이 21000원이므로

$$100x + 500y = 21000$$

따라서 다음과 같은 연립방정식을 얻을 수 있다.

$$\begin{cases} x + y = 50 & \cdots\cdots ① \\ 100x + 500y = 21000 & \cdots\cdots ② \end{cases}$$

①식의 양변에 100을 곱하면 $100x + 100y = 50$ $\cdots\cdots$ ③

②식에서 ③식을 빼면 $400y = 20950$

$$\therefore y = \frac{20950}{400} = \frac{419}{8}$$

이런, 왜 나누어 떨어지지 않을까?

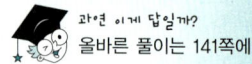

 학생들은 문장으로 된 문제에서 연립방정식을 세우는 것은 비교적 잘하는 편이다. 하지만 식을 세우고 방정식을 풀 때 많은 실수를 한다. 민정이의 경우처럼, 어떤 식에 상수를 곱할 때 한쪽에만 곱을 하는 경우가 가장 많다. 민정이는 연립방정식을 잘 세웠지만 잘못된 답을 얻었다. 왜냐하면 ① 식의 양변에 100을 곱하면

$$100x + 100y = 50$$

이 아니고

$$100x + 100y = 5000$$

이기 때문이다. 연립방정식을 풀다보면 등식의 양변에 어떤 상수를 곱할 때 자칫 우변은 곱하지 않고 그대로 두기 쉽다. 그러므로 양변 모두에 같은 상수를 곱한다는 것에 주의해야 한다. 이런 사소한 실수를 반복하다보면 실력이 점점 저하되는 것이다.

연립방정식의 풀이에는 가감법과 대입법이 있다

방정식은 우리가 알고자 하는 어떤 미지량을 주어진 조건을 이용하여 구하기 위한 수식이다. 세계에서 가장 오래된 방정식은 기원전 1700년경의 이집트의 승려 아메스가 파피루스에 남긴 다음과 같은 문제에서 시작되었다.

"어떤 수와 어떤 수의 $\frac{1}{7}$의 합이 19일 때, 어떤 수는 무엇인가?"

여기서 어떤 수를 구해보자. 어떤 수를 x라 놓으면 다음과 같은 방정식을 세울 수 있다.

$$x + \frac{1}{7}x = 19$$

이것을 풀면 어떤 수는 $\frac{133}{8}$임을 알 수 있다.

그런데 방정식에서 항상 미지수가 한 개인 것은 아니다. 예를 들어 한 자루에 200원 하는 연필 x 자루와 하나에 300원 하는 지우개 y 개의 값이 2000원이면, 다음의 식이 성립한다.

$$200x + 300y = 2000$$

이 방정식에는 차수가 각각 1인 미지수 x와 y 2개가 있다. 따라서 이런 방정식을 미지수가 2개인 일차방정식이라고 한다. 이런 방정식을 일반적으로

$$ax + by + c = 0 \ (a, b, c \text{는 상수} \ a \neq 0, \ b \neq 0)$$

의 꼴로 나타낼 수 있다. 예를 들어 $2x + y - 10 = 0$과 같은 방정식을 만족하는 x와 y를 구하면, 다음과 같은 표를 얻을 수 있다.

x	…	-3	-2	-1	0	1	2	3	…
y	…	16	14	12	10	8	6	4	…

따라서 방정식을 만족하는 x, y의 값은 무수히 많음을 알 수 있다. 실제로 x, y의 범위가 수 전체일 때, 위의 방정식을 만족하는 순서쌍 (x, y)는 무수히 많다.

이번에는 방정식 $x - y + 1 = 0$를 생각해보자. $x - y + 1 = 0$을 만족하는 x와 y를 구하면 다음과 같은 표를 얻을 수 있다.

x	...	-3	-2	-1	0	1	2	3	...
y	...	-2	-1	0	1	2	3	4	...

주어진 두 개의 일차방정식을 모두 만족하는 x와 y는 위의 표에서 알 수 있듯이 $(x, y) = (3, 4)$이다. 즉, 두 일차방정식 $2x + y - 10 = 0$과 $x - y + 1 = 0$은 $x = 3$이고 $y = 4$일 때 등식이 성립한다. 이와 같이 미지수가 2개인 두 일차방정식을 한 쌍으로 한 것을 미지수가 2개인 연립일차방정식 또는 간단히 연립방정식이라고 한다. 그리고 주어진 두 일차방정식의 공통인 해를 이 연립방정식의 해라고 한다.

연립방정식의 해를 구하는 것을 연립방정식을 푼다고 하는데, 연립방정식을 푸는 방법에는 크게 가감법과 대입법이 있다.

(3, 4)가 연립방정식 $\begin{cases} 2x + y - 10 = 0 \\ x - y + 1 = 0 \end{cases}$ 의 해로구나.

그렇지.
(3, 4)는 두 일차방정식의 공통인 해라고. 그리고 해를 구하는 것을 '연립방정식을 푼다' 라고 하지.

가감법은 두 일차방정식의 양변에 각각 적당한 수를 곱하여 없애려는 미지수의 계수의 절댓값을 같게 만든 후, 두 일차방정식을 변끼리 더하거나 빼서 한 미지수를 없애 연립방정식의 해를 구하는 방법이고, 대입법은 연립방정식의 한 방정식을 한 미지수에 관하여 풀고, 이것을 다른 방정식에 대입하여 해를 구하는 방법이다. 따라서 연립방정식을 풀 때, 한 방정식이 한 문자에 관하여 정리되어 있는 경우에는 대입법으로 푸는 것이 편리하며, 연립방정식의 해는 가감법, 대입법 중 어느 방법으로 풀어도 같다.

연립방정식을 푸는 방법을 좀더 구체적으로 알아보자.

먼저, 괄호가 있는 연립방정식은 먼저 괄호를 풀고, 동류항을 정리하여 식을 간단한 모양으로 고친 다음 가감법이나 대입법을 이용하여 푼다. 계수가 소수인 연립방정식은 양변에 10의 거듭제곱을 곱하여 계수를 정수로 고친 다음 가감법이나 대입법을 이용하여 푼다. 그리고 계수가 분수인 연립방정식은 양변에 분모의 최소공배수를 곱하여 계수를 정수로 고친 다음 푼다.

$2(x-2) - 3(3-y) = 12$ 를 풀 때 조심해야 해.

맞아. 괄호를 풀 때, $2(x-2) - 3(3-y) = 2x - 4 - 9 + y$ 와 같은 실수를 하기 쉬우니 조심해야 한다고.

예를 들어 계수가 분수인 다음과 같은 연립방정식을 생각해보자.

$$\begin{cases} \dfrac{x-2}{3} - \dfrac{3-y}{2} = 2 & \quad \cdots\cdots ① \\ x - 2y = 5 & \quad \cdots\cdots ② \end{cases}$$

방정식 ①의 분모가 3과 2이므로 이들의 최소공배수 6을 양변에 곱하면 $2(x-2) - 3(3-y) = 12$ 이다.

위의 연립방정식은

$$\begin{cases} 2x + 3y = 25 \\ x - 2y = 5 \end{cases}$$

와 같이 바뀌며, 해는 $x = \frac{65}{7}, y = \frac{15}{7}$ 이다.

가끔 세 개의 일차방정식이 모두 같게 되는 $A = B = C$ 인 꼴의 연립방정식을 풀 때가 있다. 이 경우 $A = B = C$ 이면 $A = B$, $B = C$, $C = A$ 가 모두 성립하므로 $A = B = C$ 인 꼴의 연립방정식은 다음 세 가지 중 어느 하나로 고쳐서 푼다.

$$\begin{cases} A = B \\ A = C \end{cases}, \begin{cases} A = B \\ B = C \end{cases}, \begin{cases} A = C \\ B = C \end{cases}$$

특히 연립방정식의 활용 문제를 풀 때에는 다음과 같은 차례대로 풀면 편리하다.

① 문제의 뜻을 파악하고, 구하려고 하는 것을 미지수 x, y 로 놓는다.
② x, y 를 사용하여 문제의 뜻에 맞는 연립방정식을 세운다.
③ 연립방정식을 풀어 x, y 의 값을 구한다.
④ 구한 x, y 의 값이 문제의 뜻에 맞는지 확인하고, 문제의 뜻에 맞는 것만을 답으로 한다.

이제 앞에서 주어졌던 문제로 돌아가서, 위와 같은 방법을 이용하여 문제를 올바르게 풀면 다음과 같다.

> 100원짜리 동전 x개와 500원짜리 동전 y개를 합하여 모두 50개의 동전이 있으므로
>
> $$x + y = 50$$
>
> 동전을 모두 합한 금액이 21000원이므로
>
> $$100x + 500y = 21000$$
>
> 따라서 다음과 같은 연립방정식을 얻는다.
>
> $$\begin{cases} x + y = 50 & \cdots\cdots ① \\ 100x + 500y = 21000 & \cdots\cdots ② \end{cases}$$
>
> 이 방정식을 풀기 위해
> ①식의 양변에 100을 곱하여 ②식에서 빼면 (즉, ②−①×100)
>
> $$400y = 16000$$
>
> $$\therefore y = 40, \ x = 10$$
>
> 그러므로 100원짜리 동전은 10개, 500원짜리 동전은 40개이다.

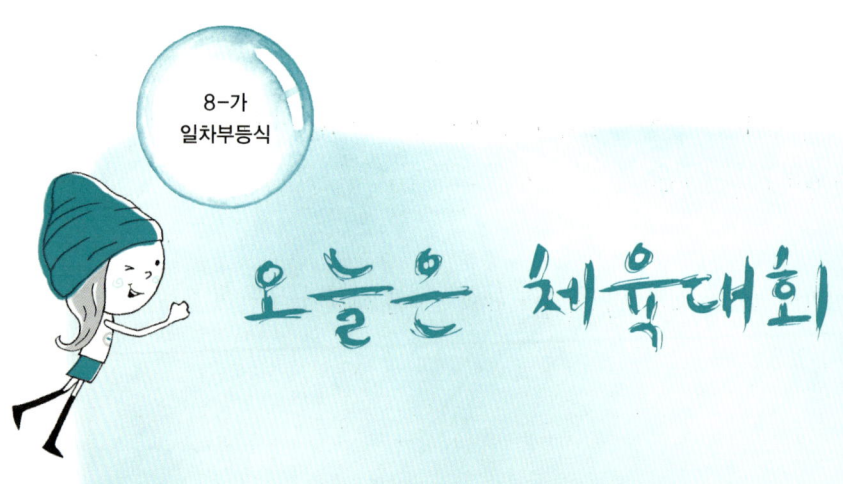

오늘은 체육대회

8-가
일차부등식

오늘은 신나는 체육대회 날이다.

우리 반은 줄다리기 종목에서 결승전에 올랐다. 모두 손이 미끄러지지 않도록 장갑을 끼고 가장 힘을 많이 쓸 수 있는 자세로 정렬하여 담임선생님의 구호에 맞춰 힘껏 줄을 잡아당겼다. 영차! 영차!

세 판 중에서 두 판을 먼저 이기는 반이 우승하게 되어 있는데, 첫째 판을 우리 반이 간신히 이겼다. 둘째 판에서는 상대 반이 이겼다. 그래서 세 번째 판으로 승패를 가리게 되었다. 우리 모두 담임선생님의 구호에 일사불란하게 움직이기로 했다. 그래서 결국 우리가 이겼다. 담임선생님께서 우리들보다 더욱 신이 나신 것 같았다.

"얘들아, 힘들었지? 물 마셔라."

내가 선생님께서 주신 물의 $\frac{1}{4}$을 마신 뒤, 정민이가 남은 물의 $\frac{1}{3}$을 마셨다. 그리고 남은 물의 $\frac{2}{3}$를 다원이가 마셨는데도 물통에 1L 이상 남았다.

줄다리기를 이겨서일까? 아니면 체육대회 날이라 공부를 하지 않아서일까? 오늘은 기분이 좋은 하루였다.

 처음 물통에 들어 있었던 물의 양은 몇 L 이상일까?

 처음 물통에 들어 있던 물의 양을 xL 라 하면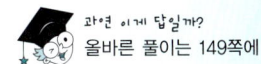

$$x \times \frac{1}{4} \times \frac{1}{3} \times \frac{2}{3} \geqq 1$$

$$\frac{x}{18} \geqq 1$$

$$\therefore x \geqq 18$$

따라서 처음 물통에 18L 이상의 물이 들어 있었다.

 민정이는 위의 문제를 해결하기 위하여 물의 양을 나타낸 분수를 모두 곱하였다. 하지만 각각의 학생들이 마신 후, 그때그때 남은 물의 양을 계산한 후에 곱해야 한다. 학생들은 대체로 주어진 문제에 맞는 부등식은 잘 세운다. 하지만 부등식을 풀어서 마지막에 답을 제시할 때 틀리는 경우가 많다. 이를 테면, x는 자연수 중에서 $13.3 < x < 15.7$을 만족하는 것이 답일 경우, 많은 수의 학생들은 그 답을 14 또는 15 중에서 하나만 제시한다. 이것은 객관식 문제에 익숙한 학생들이 둘 이상의 정답을 제시하는 것에 익숙하지 않기 때문인데, 부등식에서는 특히 이와 같은 경우의 답이 많으므로 적당한 훈련과 주의가 필요하다.

143

부등식의 양변에 같은 음수를 곱하면 부등호의 방향은 반대가 된다

1 < 4 또는 2x-1 > 3과 같이 부등호를 사용하여 두 수 또는 식의 대소 관계를 나타낸 식을 부등식이라고 한다. 대소 관계를 부등호를 사용하여 나타내는 방법은 다음의 네 가지가 있고, 각각 다음과 같은 의미가 있다.

$x > a$: x는 a보다 크다. (x는 a 초과)
$x < a$: x는 a보다 작다. (x는 a 미만)
$x \geqq a$: x는 a보다 크거나 같다. (x는 a 이상)
$x \leqq a$: x는 a보다 작거나 같다. (x는 a 이하)

부등식에서는 기호뿐만 아니라 사용되는 용어도 조심해야 한다. 부등식에서 주로 사용되는 용어로는 미만, 초과, 이상, 이하 등이 있다. 미만은 아직 가득 차지 못한 상태를 나타내므로 '3 미만'이라면 3보다 작은 모든 수를 나타낸다. 특히 3은 포함되지 않는다. 3을 포함하여 말하고 싶을 때는 '3 이하'라고 하면 된다. 즉, '3 이하'는 3을 포함하여 3보다 작은 모든 수를 나타낸다.
'3 초과'는 3을 포함하지 않고 3보다 큰 모든 수를 나타낸다. 3을 포함시키고 싶을 때 '3 이상'이라고 하면 된다. 즉, '3 이상'은 3을 포함하여 3보다 큰 모든 수를 뜻한다.

이제 부등식의 성질에 대하여 알아보자.
아래 그림과 같이 부등식 2 < 4의 양변에 3을 더하거나 빼도 부등호의 방향은 변하지 않음을 알 수 있다.

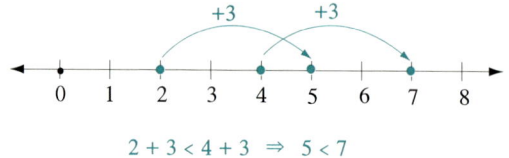

$2 + 3 < 4 + 3 \Rightarrow 5 < 7$

일반적으로 부등식의 양변에 같은 수를 더하거나 양변에서 같은 수를 빼도 부등호의 방향은 변하지 않는다.

이번에는 곱셈과 나눗셈에 관한 성질을 알아보자.

아래 그림에서 부등식 −2 < 3의 양변에 양수 2를 곱하거나 나누어도 부등호의 방향은 변하지 않음을 알 수 있다.

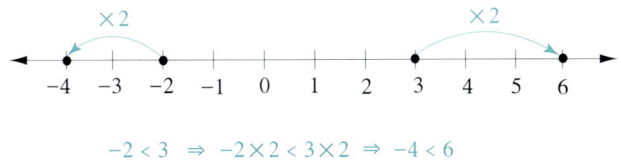

$-2 < 3 \Rightarrow -2 \times 2 < 3 \times 2 \Rightarrow -4 < 6$

일반적으로 부등식의 양변에 같은 양수를 곱하거나 나누어도 부등호의 방향은 변하지 않는다. 그러나 다음 그림에서 보듯이 −2 < 3에서 음수 −2를 곱하거나 나누면 부등호의 방향은 반대가 됨을 알 수 있다.

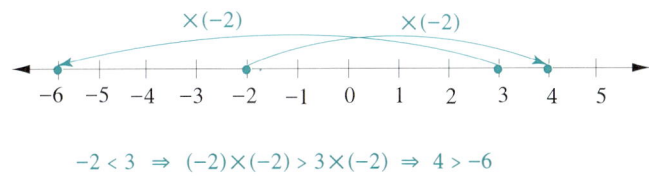

$-2 < 3 \Rightarrow (-2) \times (-2) > 3 \times (-2) \Rightarrow 4 > -6$

일반적으로 부등식의 양변에 같은 음수를 곱하거나 나누면 부등호의 방향은 반대가 된다. 지금까지 알아본 부등식의 성질을 정리하면 다음과 같다.

① 부등식의 양변에 같은 수를 더하거나 양변에서 같은 수를 빼도 부등호의 방향은 변하지 않는다. $a < b$일 때, $a+c < b+c$, $a-c < b-c$

② 부등식의 양변에 같은 양수를 곱하거나 양변을 같은 양수로 나누어도 부등호의 방향은 변하지 않는다. $a < b$이고 $c > 0$ 때, $ac < bc$, $\dfrac{a}{c} < \dfrac{b}{c}$

③ 부등식의 양변에 같은 음수를 곱하거나 양변을 같은 음수로 나누면 부등호의 방향은 반대가 된다. $a < b$이고 $c < 0$일 때, $ac > bc$, $\dfrac{a}{c} > \dfrac{b}{c}$

또한 $a \leq b$는 '$a < b$ 또는 $a = b$'라는 뜻이므로 앞쪽의 부등식의 성질 $<$, $>$를 $\leq$, $\geq$로 바꾸어놓아도 그대로 성립한다.

위와 같은 부등식의 성질을 이용하여 주어진 부등식을 다음과 같은 꼴로 고쳐서 부등식의 해를 구한다.

$$x < \text{수 또는 } x > \text{수}$$
$$x \leq \text{수 또는 } x \geq \text{수}$$

예를 들어, 부등식 $5x-4 < 2x-10$에서 양변에 같은 수 4를 더해주면 $5x < 2x-6$이 된다. 또 같은 수 $2x$를 양변에서 빼주면 $3x < -6$이 된다. 마지막으로 양수 3으로 양변을 나누어주면 $x < -2$가 된다. 즉, 주어진 부등식을 만족하는 수는 -2 미만인 수들이다. 그런데 $x < -2$는 양변에 같은 수 2를 더해주면 $x + 2 < 0$이 된다. 이와 같이 부등식의 성질을 이용하여 정리한 부등식이 다음의 어느 한 가지로 변형되는 부등식을 일차부등식이라고 한다.

$$(\text{일차식}) > 0 \text{ 또는 } (\text{일차식}) < 0$$
$$(\text{일차식}) \leq 0 \text{ 또는 } (\text{일차식}) \geq 0$$

이런 방법으로 일차부등식 $0.3x - 0.2 < 0.5(x+2)$를 풀어보자.

먼저 이 부등식의 계산을 편리하게 하기 위하여 소수점을 없애자. 그러면 양변

에 양수 10을 곱해야 하고, 부등식의 성질에 의하여 부등호는 변하지 않는다. 즉,

$$3x - 2 < 5(x + 2)$$

이제 위 부등식의 괄호를 풀면

$$3x - 2 < 5x + 10$$

이 부등식에서 좌변에는 미지수가, 우변에는 상수가 놓이게 하려면 먼저 양변에 2를 더한다.

$$3x < 5x + 12$$

이제 좌변에 미지수가 오도록 양변에서 $5x$를 빼주면

$$-2x < 12$$

마지막으로 양변을 x의 계수로 나누면 된다. 그런데 여기서 x의 계수는 음수 -2이므로 양변을 -2로 나누면 부등호의 방향이 바뀌는 것에 주의해야 한다.

$$x > -6$$

이와 같은 일차부등식의 풀이를 정리하면 다음과 같다.

① 계수에 소수나 분수가 있으면 양변에 알맞은 양수를 곱하여 계수를 정수로 고친다.
② 괄호가 있으면 괄호를 푼다.
③ x의 항은 좌변으로, 상수항은 우변으로 이항한다.

3 > 2에서 (−1) × 3 = −3 이고 (−1) × 2 = −2이므로 −3 < −2가 되지.

그럼, 음수를 곱하면 부등호의 부호는 항상 바뀌겠구나.

④ 양변을 간단히 하여 $ax > b$, $ax \geq b$, $ax < b$, $ax \leq b\,(a \neq 0)$ 의 꼴로 고친다.
⑤ x 의 계수 a 로 양변을 나눈다. 이때 a 가 양수이면 부등호의 방향은 변하지 않는다. 그러나 a 가 음수이면 부등호의 방향은 반대가 된다.

일차부등식의 풀이 과정을 이해했다면 실생활 문제를 풀어보자.
예를 들어, 민정이가 두 번의 수학 시험에서 83점과 78점을 받았다고 할 때, 다음 수학 시험에서 몇 점 이상을 받아야 평균 점수가 85점 이상이 될까?
이 문제에서 우리가 가장 관심을 두어야 할 것이 무엇을 미지수로 둘 것인가이다. 여기서는 수학 점수를 알아보는 것이므로 다음 수학 시험에서 받을 점수를 x 라고 하면 된다. 그러면 3번의 수학 시험에서 얻은 점수는 모두 $83 + 78 + x$ 점이다. 이 점수의 평균이 85점 이상이 되어야 하므로

$$\frac{83 + 78 + x}{3} \geq 85$$

앞에서 이미 우리는 '이상'의 뜻을 알아보았으므로 부등호가 $>$ 가 아니고 $\geq$ 라는 것을 알 수 있다. 이 부등식을 풀면, $x \geq 94$ 가 나온다. 따라서 94점 이상을 받아야 한다.

이와 같은 방법으로 앞에서 주어진 문제를 올바르게 풀면 다음과 같다.

풀이1 처음 물통에 들어 있던 물의 양을 xL라 하면, 처음에 내가 마신 물의 양은 $\frac{1}{4}x$이다. 정민이가 남은 물의 $\frac{1}{3}$을 마셨다고 했는데, 남은 물의 양은 $\frac{3}{4}x$이므로 정민이가 마신 물은 $\frac{3}{4}x \times \frac{1}{3} = \frac{1}{4}x$이다. 따라서 남은 물은 $\frac{1}{2}x$이므로 다원이가 마신 물은 $\frac{1}{2}x \times \frac{2}{3} = \frac{1}{3}x$이다. 그리고 물통에 1L 이상이 남았으므로

$$x - (\frac{1}{4}x + \frac{3}{4}x \times \frac{1}{3} + \frac{1}{2}x \times \frac{2}{3}) \geq 1$$
$$x - \frac{5}{6}x \geq 1$$
$$\frac{1}{6}x \geq 1$$
$$x \geq 6$$

따라서 물통에는 6L 이상의 물이 들어 있었다.

풀이2 이 경우에 그림을 이용하면 쉽게 구할 수 있다. 처음 물통에 들어 있던 물의 양을 xL라 하면

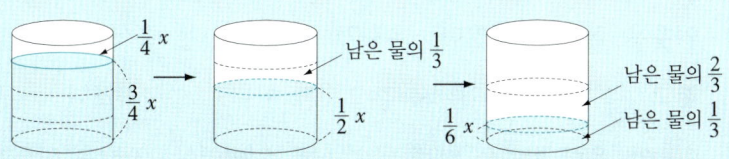

$\frac{1}{6}x$L가 1L 이상이므로, $\frac{1}{6}x \geq 1$, 즉 $x \geq 6$이므로 처음 물통에는 6L 이상의 물이 들어 있었다.

8-가
연립부등식

축제는 즐거워

우리 학교는 해마다 가을이면 축제를 한다.
1년 동안 수업 시간이나 클럽 활동을 하며 만든 작품들을 전시하고 노래 경연 대회, 댄스 경연 대회, 체육 대회, 자선 바자회 등 학생들이 즐거워하는 프로그램을 많이 운영한다. 특히 빼놓을 수 없는 것은 먹거리 장터.
매년 축제 때마다 학생회의 주관으로 운영되는 먹거리 장터는 우리들에게 가장 인기가 있다. 내가 좋아하는 떡볶이도 만들어서 팔고, 순대도 있다. 자선 바자회와 먹거리 장터에서 생긴 수익금은 불우한 이웃을 돕는데 쓰인다. 우리가 만든 맛있는 음식을 싸게 사먹어서 좋고, 불우이웃 돕기해서 좋고, 한 마디로 일석이조다.
이번에 우리 반에서 맡게 될 음식은 김밥이다. 김밥을 만들기 위하여 가장 먼저 필요한 것은 물론, 자본금이다. 김밥에 들어가는 각종 재료의 가격을 조사한 결과 100,000원이 필요한 것으로 조사되었기 때문에 우리 반에서는 희망자에 한하여 회비를 걷기로 했다. 그런데 한 사람당 2,800원씩 내면 약간 부족하고, 3,000원씩 내면 우리가 원하는 자본금 100,000원보다 많아진다. 도대체 희망자는 몇 명일까?

 희망자만 회비를 걷어서 자본금 100,000원을 모으려 할 때, 한 사람당 2,800원씩 내면 부족하고 3,000원씩 내면 100,000원보다 많아진다. 희망자는 몇 명일까?

 희망자의 수를 x 명이라 하면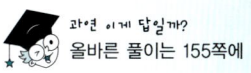

$$2800x < 100000 < 3000x$$

이 부등식을 풀면

$2800x < 100000$ ……① 또는 $2800x < 3000x$ ……②

①을 풀면 $x < \dfrac{1000}{28}$ 즉, $x < 35.7\cdots$

②를 풀면 $-200x < 0$ 즉, $x > 0$

그러므로 희망자는 35명 이하면 된다.

 연립부등식의 풀이에 학생들이 가장 혼동하기 쉬운 것은 A < B < C꼴의 연립부등식이다. A < B < C꼴의 연립부등식은 $\begin{cases} A < B \\ B < C \end{cases}$의 꼴로 만들어 풀어야 한다.

연립부등식의 해는 교집합이다

연립방정식에서처럼 미지수가 1개인 두 일차부등식을 한 쌍으로 한 것을 미지수가 1개인 연립일차부등식 또는 간단히 연립부등식이라고 한다. 그리고 미지수가 x인 연립부등식에서 두 부등식을 동시에 만족시키는 x의 값을 연립부등식의 해라 하고, 해를 구하는 것을 연립부등식을 푼다고 한다. 연립부등식의 해는 각 부등식의 해의 집합을 구하여 이들의 공통부분을 구하면 된다. 예를 들어, 다음에 주어진 연립부등식의 해를 구해보자.

$$\begin{cases} 3x - 1 > 0 & \cdots\cdots ① \\ 2x - 3 < 4 & \cdots\cdots ② \end{cases}$$

①의 해를 구하면 $x > \dfrac{1}{3}$이고, ②의 해를 구하면 $x < \dfrac{7}{2}$이다. 이 두 해를 수직선 위에 함께 나타내면

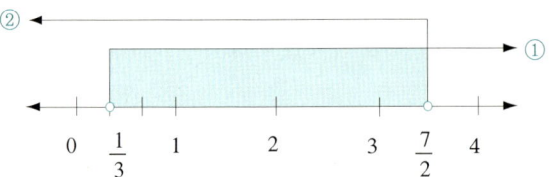

①, ②를 동시에 만족시키는 해는 수직선 위의 두 해의 공통부분이므로 구하는 해는 $\dfrac{1}{3} < x < \dfrac{7}{2}$이다.

일반적으로 연립부등식은 다음과 같은 순서로 풀면 된다.

① 연립부등식을 이루는 각 부등식을 푼다.
② 각 부등식의 해의 공통부분을 구한다. 즉, 각 부등식의 해의 집합의 교집합을 구한다.

이때, 연립부등식의 해를 구할 때는 수직선 위에 각 부등식의 해를 나타내어 겹치는 부분을 찾는 것이 편리하다.

해의 공통부분을 찾는 것을 좀더 자세히 살펴보자.

예를 들어, 연립부등식

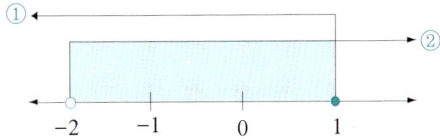

을 한 수직선 위에 나타내고 공통부분을 찾으면 그림과 같다.

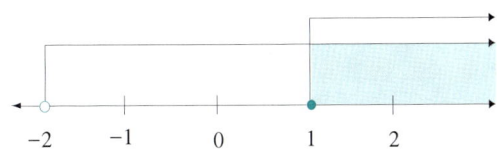

이 경우에 해에 포함되는 값은 검은색의 점으로 표시하고, 포함되지 않는 경우는 그림에서와 같이 색칠하지 않은 점 0을 사용하여 나타낸다. 즉, 1은 해가 될 수 있지만 -2는 해가 될 수 없다. 따라서 구하는 해는 $\{x \mid -2 < x \leq 1\}$이다.

수직선 위에 그림으로 해의 영역을 표시하여 나타낼 때에는 특히 각 부등식의 해의 부등호의 방향에 주의를 기울여야 한다. 예를 들어 $x \leq 1$을 다음과 같이 부등호의 방향과 반대로 그리면 엉뚱한 해를 얻게 된다.

연립부등식의 풀이에 있어서 학생들이 가장 혼동하기 쉬운 것은 $A < B < C$ 꼴의 연립부등식이다. $A < B < C$ 꼴의 연립부등식은 $\begin{cases} A < B \\ B < C \end{cases}$ 의 꼴로 만들어 풀어야 한다. $A = B = C$ 꼴의 연립방정식은

$$\begin{cases} A = B \\ A = C \end{cases} \begin{cases} A = B \\ B = C \end{cases} \begin{cases} A = C \\ B = C \end{cases}$$

중의 어느 것을 풀어도 되지만 A < B < C의 꼴의 연립부등식은 반드시

$$\begin{cases} A < B \\ B < C \end{cases}$$

의 꼴로 만들어 풀어야 한다는 것이다. 그러나 A < B < C의 꼴의 연립부등식을 $\begin{cases} A < B \\ A < C \end{cases}$ 나 $\begin{cases} A < C \\ B < C \end{cases}$ 와 같이 생각하여 푸는 경우가 있다. 이런 경우는 엄밀하게 말하자면 부등식이 하나뿐이다. 즉, 아래나 위에 같은 식이나 수가 놓이게 되어 하나의 식이나 수에 대하여 풀어야 하므로 올바른 해답을 얻을 수 없다.

또한 연립부등식

$$\begin{cases} A < B & \cdots\cdots ① \\ B < C & \cdots\cdots ② \end{cases}$$

의 해는 ①과 ②의 공통부분이다. 즉, 각 부등식의 해의 집합의 교집합인 것이지 결코 ①과 ②의 합집합이 아니다. 그런데 학생들은 종종 합집합을 구하는 실수를 범하곤 한다.

이제, 올바른 방법으로 위의 문제를 풀어보자.

희망자의 수를 x명이라 하면 구하는 식은 다음과 같다.

$$2800x < 100000 < 3000x$$

이 부등식은 $\begin{cases} 2800x < 100000 & \cdots\cdots ① \\ 100000 < 3000x & \cdots\cdots ② \end{cases}$ 으로 바꿀 수 있고

①식을 풀면 $x < 35.7\cdots$

②식을 풀면 $33.3\cdots < x$

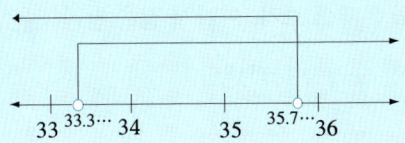

연립방정식의 해는 ①과 ②의 교집합이므로 구하는 해는

$$33.3\cdots < x < 35.7\cdots$$

즉, 희망자는 34명 또는 35명이다.

쉬어가기

암호는 문자나 기호를 사용해서 비밀을 전달하려고 의도적으로 쓰여진 일종의 언어이다. 암호이론은 원래의 메시지를 전환하는 과학으로 수학의 일종이다. 암호문의 종류에는 여러 가지가 있지만 산술을 이용한 재미있는 게임이 있다. 이런 문제를 푸는 방법과 여러 가지 문제를 알아보자.

예를 들어, 다음의 문제를 보자. 여기서 같은 알파벳은 같은 숫자를 나타내고 다른 알파벳은 다른 숫자를 나타낸다.

$$\begin{array}{r} SEND \\ + \ MORE \\ \hline MONEY \end{array}$$

주어진 문자들은 각각 1부터 9까지의 숫자 중 하나이다. 그런데 9 + 9 = 18이므로 어떤 두 문자의 합은 기껏해야 18을 넘지 못한다. 따라서 위 식 마지막 줄의 M은 반드시 1이 된다. 그러면 어떤 수에 1을 더해서 10 이상이 나올 수 있는 경우는 9뿐이다. 즉, 1 + 9 = 10. 만약 S = 8이면 앞에서 1을 받아온 경우이고, S = 9인 경우는 받아오지 않은 경우가 되는데, S = 8인 경우는 다시 앞에서 1을 받아와야 하므로 E + O > 10이다. 따라서 어느 경우에나 O = 0이다. 그러므로 S = 9이다. 즉,

$$\begin{array}{r} 9END \\ + \ 10RE \\ \hline 10NEY \end{array}$$

이와 같은 방법으로 차근차근 문제를 풀면, 답은 다음과 같음을 알 수 있다.

$$\begin{array}{r} 9567 \\ + \ 1085 \\ \hline 10652 \end{array}$$

다음의 여러 가지 문제를 풀어보아라. 이 문제들의 답은 꼭 하나씩이다.

1. AHAHA
    + TEHE
    ─────
    TEHAW

2. FORTY
        TEN
    +   TEN
    ─────
    SIXTY

3. SLAP
    + DEB
    ─────
    DUDE

4. SLAP
    − DEB
    ─────
    PI PS

5. SLED
    + SNOW
    ─────
    RIDE

답: 1. 47474
         + 5272
         ─────
         52746

     2. 29786
         850
         + 850
         ─────
         31486

     3. 7326
         + 859
         ─────
         8185

     4. 7326
         − 859
         ─────
         6467

     5. 2893
         + 2146
         ─────
         5039

157

알까기

8-가
일차함수

오늘은 신나는 일요일!

어제 너무 늦게까지 텔레비전을 보았나 보다. 아침에 일어나기가 무척 힘들었다. 아빠께서는 이미 약수터에 다녀오셨는지, 엄마께서 시원한 약수를 나에게 주시면서 말씀하신다.

"이거 마시고 얼른 정신 차려라. 그래야 열심히 공부하지."

아침 겸 점심을 먹고 나니 정민이가 같이 공부하자며 우리집에 왔다. 우리는 방으로 들어가서 잠깐 쉬는 동안 알까기를 하기로 했다. 역시 알까기는 너무너무 재미있다. 특히 나와 정민이의 실력은 비슷하기 때문에 더욱 흥미진진했다.

그때 '공부해라'는 엄마의 잔소리가 들려왔다. 아쉽지만 우리는 마지막 한 판으로 승부를 내기로 했다.

마지막 판도 손에 땀을 쥐게 하는 순간이 이어지며 결국 서로 한 알씩만을 남겨놓고 나의 차례가 되었다.

드디어 마지막 순간이 왔다. 나의 검은 알이 정민이의 흰 알을 밀어내면 알까기 게임은 끝난다. 그런데 갑자기 며칠 전에 학교에서 배운 '두 점을 지나는 직선의 식'이 생각났다.

순간 '따따딱' 나의 머리가 회전하는 소리가 들렸다.

바둑판의 중앙에 원점을 잡아 좌표축을 만들고 나의 검은 알의 위치를 계산해보니 (-2, 9)이었고, 정민이의 흰 알의 위치는 (2, -1)이었다. 이제 혼신의 힘을 다해서!!

"딱!"

이런 빗맞았다. ㅠㅠ

 두 점 (-2, 9), (2, -1)을 지나는 직선을 그래프로 하는 일차함수의 식을 구하여라.

 (기울기) $= \dfrac{9-(-1)}{2-(-2)} = \dfrac{10}{4} = \dfrac{5}{2}$

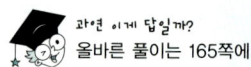

$$\therefore y = \dfrac{5}{2}x + b$$

이 직선이 점 $(-2, 9)$를 지나므로

$$9 = \dfrac{5}{2} \times (-2) + b \qquad \therefore b = 14$$

따라서, 구하는 식은 $y = \dfrac{5}{2}x + 14$이다.

 알까기 게임을 다음 그림과 같이 좌표평면 위에 옮겨놓았다. 이 문제에서 민정이가 실수한 부분은 두 점을 지나는 직선의 기울기를 잘못 구한 것이다. 일차함수 $y = ax + b$의 그래프에서 a를 직선의 기울기라고 하는데, a는 x값이 변하는 양에 대하여 y의 값이 변하는 양을 비율로 나타낸 것이고, b는 y절편을 나타낸다. 따라서

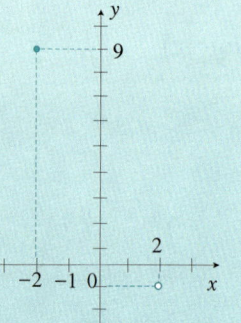

$$(\text{일차함수의 기울기}) = \dfrac{(y \text{ 값의 증가량})}{(x \text{ 값의 증가량})} = a$$

이다. 만약 두 점 (x_1, y_1), (x_2, y_2)가 주어졌을 경우 x값의 증가량은 $x_2 - x_1$이다. 왜냐하면 처음 점의 x좌표가 x_1이고, 여기서부터 x가 변하여 x_2가 되었기 때문이다. 마찬가지로 y값의 증가량은 $y_2 - y_1$이다. 따라서 (기울기) $= \dfrac{y_2 - y_1}{x_2 - x_1}$ 이 된다.

일차함수의 그래프는 직선이다

함수의 개념은 수학의 다른 개념과 마찬가지로 오랜 세월을 거쳐 오늘날의 명확한 개념으로 정립되었다. 함수의 개념이 발생하게 된 동기는 운동하거나 변화하는 구체적인 현상을 표현하려는 데서 비롯되었다.

오늘날의 함수의 개념을 도입한 사람은 'function'이라는 용어를 처음으로 사용한 라이프니츠(Leibniz, 1646~1716)이다. 그는 함수와 관련해서 좌표를 사용하였다. 이러한 개념은 그의 제자인 베르누이 형제에 의하여 더욱 발전되었으며, 다시 베르누이의 제자인 오일러에게 이어졌다. 이때부터 '함수(function)'라는 말이 널리 사용되기 시작하였다.

두 집합 X, Y에 대하여 X의 각 원소에 Y의 단 하나의 원소를 대응시키는 규칙 f를 X에서 Y로의 함수라고 하고 기호로는 $f:X \to Y$로 나타낸다. 이때, X를 f의 정의역, Y를 f의 공역이라 하고, $x \in X$에 대응되는 $f(x) \in Y$를 f에 의한 x의 상이라고 한다. 또 f에 의한 X의 모든 원소의 상 전체의 집합을 f의 상 또는 치역이라고 하고, 기호로는 $f(X)$로 나타낸다.

함수는 변하는 두 양 사이에서 한쪽이 정해질 때 다른 쪽이 이에 따라 하나로 정해지는 의존 관계와 이들 사이의 대응 규칙을 뜻한다. 그러므로 함수를 잘 이해하기 위해서는 두 가지의 변하는 양이 있을 때 한쪽 값에 대하여 다른 쪽 값이 하나로 정해지는지 알아보아야 한다. 두 변하는 양 사이에 이런 관계가 있을 때 이들 사이에는 어떤 규칙이 있는지도 생각해보는 것이 중요하다. 이런 함수의 개념을 바탕으로 그래프나 표를 이용하여 변화의 관계를 확실하게 파악할 수 있어야 한다.

함수 $y = f(x)$에서 y가 x에 관한 일차식 $y = ax + b\,(a \neq 0,\ a,\ b$는 상수)로 나타내질 때, 이 함수를 일차함수라고 한다. 이때 a를 이 함수의 그래프의 기울기라 한다. 기울기가 뜻하는 것은 말 그대로 일차함수의 그래프가 x축에 대하여 얼마만큼 기울어져 있는지를 나타내는 수치이다.

일반적인 일차함수의 그래프를 그리거나, 반대로 좌표평면 위에 있는 직선을 그래프로 하는 일차함수의 식을 구하기 위하여 $y = ax$ 꼴의 그래프를 먼저 살펴보아야 한다.

y가 x에 정비례하고 x가 2일 때 y는 4가 된다고 하면, $y = ax$에서 $4 = a \times 2$이므로 $a = 2$가 된다. 즉, $y = 2x$가 된다. 특히 $X = \{-3, -2, -1, 0, 1, 2, 3\}$일 때, x의 값에 대응하는 y의 값을 구하여 대응표를 만들면 다음과 같다.

x	-3	-2	-1	0	1	2	3
y	-6	-4	-2	0	2	4	6

따라서 대응하는 x, y 의 순서쌍 $(-3, -6)$, $(-2, -4)$, $(-1, -2)$, $(0, 0)$, $(1, 2)$, $(2, 4)$, $(3, 6)$을 좌표로 하는 점을 좌표평면 위에 나타내면 그림 (1)과 같다. 이제 정의역을

$$\{\cdots, -3, -2.5, -2, -1.5, -1, -0.5, 0, 0.5, 1, 1.5, 2, 2.5, 3, \cdots\}$$

와 같이 원소의 개수를 점점 많게 하여 $y = 2x$ 의 그래프를 그려 나가면, 수 전체의 집합을 정의역으로 할 때의 그래프는 그림 (2)와 같이 원점을 지나는 직선이 된다.

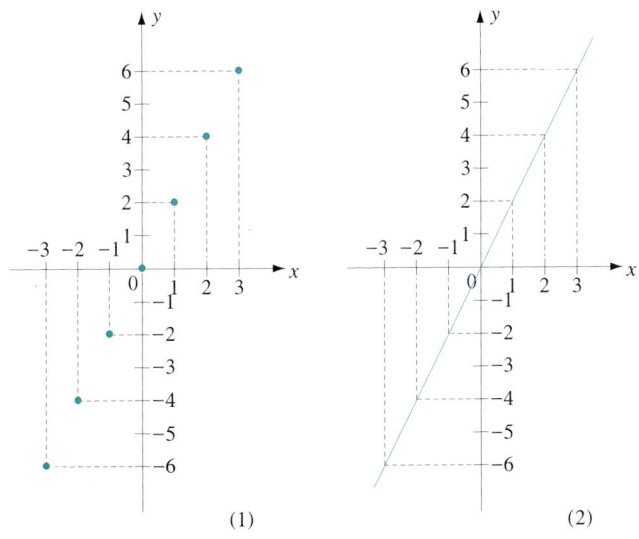

(1)　　　　　　　　(2)

여기서 주의해야 할 점은 경우에 따라서는 정의역이 $X=\{-3, -2, -1, 0, 1, 2, 3\}$로 주었을 경우의 그래프를 그림 (2)와 같이 그리면 안 된다는 것이다. 즉, 주어진 함수의 정의역이 유한집합일 때에는 대응표를 만들어서 그래프를 그리면 몇 개의 점으로 나타낼 수 있다. 그러나 수 전체의 집합을 정의역으로 하면 정의역의 모든 원소에 해당하는 대응표를 만들 수 없으므로 정의역의 적당

한 몇 개의 수에 대한 대응표를 만들어서 이 대응점들을 연결하는 직선을 그려 그래프를 완성하면 된다. 일반적으로 정의역이 수 전체의 집합일 때, 함수 $y = ax$의 그래프를 이미 '공짜는 언제나 좋아'에서 알아보았다.

이제 좀더 일반적인 일차함수의 그래프를 그리는 방법에 대하여 알아보자.

예를 들어, $y = 2x$와 $y = 2x + 3$의 그래프를 좌표평면 위에 나타내기 위하여 먼저 두 함수에서 x의 값에 대한 y의 값을 표로 나타내면 다음과 같다.

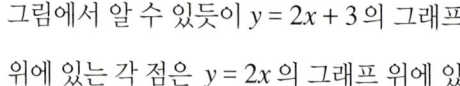

x	…	0	1	2	3	4	…
$y = 2x$	…	0	2	4	6	8	…
$y = 2x + 3$	…	3	5	7	9	11	…

이 표로부터 x의 모든 값에 대하여 $2x + 3$의 값이 $2x$의 값보다 항상 3만큼 크다는 것을 알 수 있다. 그러므로 일차함수 $y = 2x$와 $y = 2x + 3$의 그래프를 좌표평면 위에 나타내면 다음 그림과 같은 직선이 된다.

그림에서 알 수 있듯이 $y = 2x + 3$의 그래프 위에 있는 각 점은 $y = 2x$의 그래프 위에 있

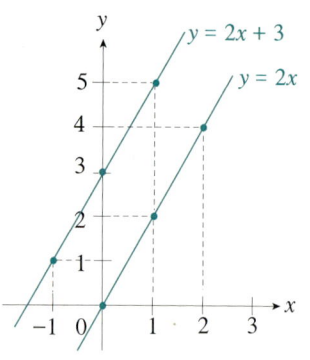

는 점보다 3만큼 위에 있다. 즉, 일차함수 $y = 2x + 3$의 그래프는 일차함수 $y = 2x$의 그래프를 y축의 양의 방향으로 3만큼 이동한 것과 같다. 이와 같이 한 도형을 일정한 방향으로 일정한 거리만큼 이동한 것을 평행이동이라고 한다. 따라서 일반적으로 일차함수 $y = ax + b$의 그래프는 일차함수 $y = ax$의 그래프를 y축 방향으로 b만큼 평행이동한 것이라는 사실을 쉽게 짐작할 수 있을 것이다.

이제 정민이와 민정이의 알까기 문제로 돌아가자. 주어진 식을 이용하여 일차함수의 식을 올바르게 구하면 다음과 같다.

풀이 1

$$(기울기) = \frac{(-1)-9}{2-(-2)} = -\frac{5}{2} \qquad \therefore y = -\frac{5}{2}x + b$$

이 직선이 점 $(-2, 9)$를 지나므로

$$9 = -\frac{5}{2} \times (-2) + b$$
$$\therefore b = 4$$

따라서, 구하는 식은 $y = -\frac{5}{2}x + 4$ 이다.

풀이 2 구하는 일차함수의 식을 $y = ax + b$라 놓으면 이 직선은 $(-2, 9)$를 지나므로

$$9 = -2a + b \qquad \cdots\cdots ①$$

또, $(2, -1)$을 지나므로

$$-1 = 2a + b \qquad \cdots\cdots ②$$

①과 ②를 연립하여 풀면

$$8 = 2b$$
$$\therefore b = 4, \ a = -\frac{5}{2}$$

그러므로 구하는 식은 $y = -\frac{5}{2}x + 4$ 이다.

8-나
삼각형의 닮음

왜 틀렸을까?

수학 시간에 삼각형의 합동에 대하여 배웠다. 무척 흥미로운 내용이었다. 또, 수업시간에 색종이를 이용하여 여러 종류의 삼각형을 만들고 서로 포개어지는 것을 많이 찾는 게임도 했다. 나와 정민이는 각각 다른 조에 속해 있어서 아쉽게도 정민이와 대결을 해야 했다. 우리는 조별 게임 이외에도 개별 게임도 했다.

"정민이와 민정이가 결승에 올랐다. 자, 누가 더 잘 맞출까?"

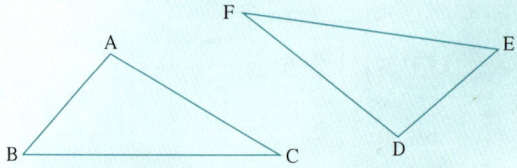

선생님께서는 나와 정민이에게 위와 같은 두 삼각형을 보여주시고는 '두 삼각형이 합동이기 위한 조건을 말해보라.'고 하셨다.

먼저 내가 손을 들었다.

"세 변의 길이가 각각 같을 때 합동이에요. 그리고 또 세 각의 크기가 각각 같을 때도 합동이지요."

"하나는 맞았는데, 하나는 틀렸구나."

그때 정민이가 손을 들었다.

"$\overline{BC}=\overline{EF}$, $\angle B=\angle E$, $\angle C=\angle F$이면 합동이에요. 그리고 $\overline{AB}=\overline{DE}$, $\overline{AC}=\overline{DF}$, $\angle B=\angle E$이어도 합동이고요."

"하하하, 녀석들. 사이좋게 하나씩 틀렸구나. 이 게임은 무승부다."

그런데 내가 왜 틀린 것일까?

정민이와 민정이는 어디가 틀렸을까?

민정이와 정민이는 삼각형의 합동조건과 삼각형의 닮음조건을 혼동하고 있다. 삼각형의 합동조건은 ① 세 대응변의 길이, ② 두 대응변의 길이와 그 끼인 각, ③ 한 대응변의 길이와 그 양 끝 각의 크기가 각각 같을 때이다.
삼각형의 닮음 조건은 ① 세 쌍의 대응변의 길이의 비, ② 두 쌍의 대응변의 길이의 비와 그 끼인각의 크기 ③ 두 쌍의 대응각의 크기가 같을 때이다. 따라서 합동과 닮음을 정확하게 이해해야 한다.

두 삼각형이 똑같을 때가 합동이다

한 도형을 모양이나 크기를 바꾸지 않고 옮겨서 다른 도형에 완전히 포갤 수 있을 때, 이 두 도형은 서로 합동이라고 한다. 합동인 두 도형에서 서로 포개어지는 점, 선분, 각 등은 서로 대응한다고 하고, 대응하는 꼭지점, 변, 각을 각각 대응점, 대응변, 대응각이라고 한다. 예를 들어, 아래 그림에서 사각형 ABCD와 사각형 EFGH가 합동일 때, 대응점은 각각 A와 E, B와 F, C와 G, D와 H이다. 또한 대응변 중 하나는 변 AB와 변 EF이다. 이때, 두 사각형이 합동임을 기호 '≡'를 사용하여 □ABCD ≡ □EFGH와 같이 대응하는 꼭지점이 같은 순서가 되도록 나타낸다.

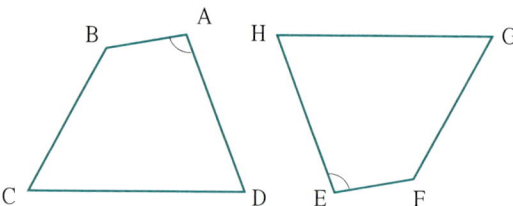

일반적으로 합동인 두 도형은 다음과 같은 성질이 있다.

① 합동인 도형에서 대응변의 길이는 서로 같다.
② 합동인 도형에서 대응각의 크기는 서로 같다.

도형의 합동 중에서 특히 삼각형의 합동은 매우 중요하다. 잘 알려진 것과 같이 삼각형의 합동조건에는 다음과 같은 세 가지가 있다.

① 세 대응변의 길이가 각각 같을 때 (SSS합동)

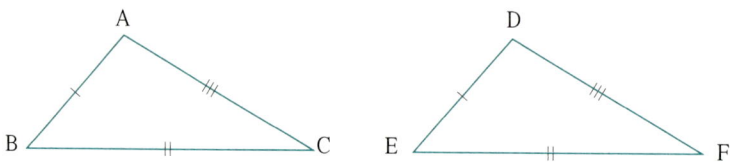

② 두 대응변의 길이가 각각 같고, 그 끼인 각의 크기가 같을 때 (SAS합동)

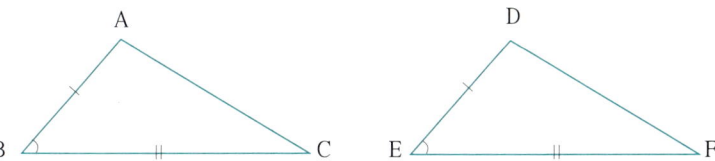

③ 한 대응변의 길이가 같고, 그 양 끝 각의 크기가 각각 같을 때 (ASA합동)

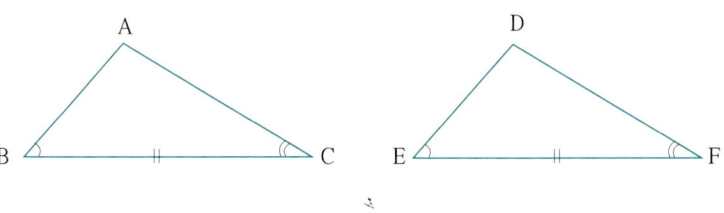

삼각형의 합동조건을 나타낼 때 S는 변(Side)을 뜻하고 A는 각(Angle)을 뜻하는 것으로 영어로 외우는 것이 간편할 때가 있다.

삼각형의 합동에 관한 세 가지 조건으로부터 우리는 특별한 삼각형의 합동조건을 찾을 수 있다. 그 특별한 삼각형은 바로 직각삼각형이다. 두 직각삼각형이 합동인지 아닌지 확인하고 싶다면 두 삼각형의 한 각이 각각 직각이므로 비교적 쉬운 문제가 될 것이다.

따라서 직각삼각형의 합동을 판별하는 데는 다음과 같이 두 가지 합동조건이 있다.

① 대응하는 빗변의 길이와 다른 한 변의 길이가 각각 같을 때 (RHS합동)

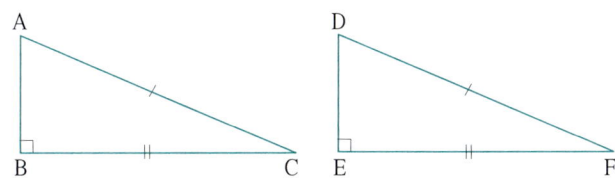

② 대응하는 빗변의 길이와 다른 한 각의 크기가 각각 같을 때 (RHA합동)

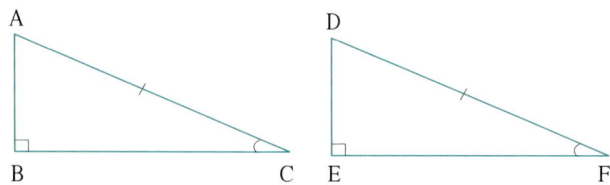

삼각형의 합동에서와 마찬가지로 직각삼각형의 합동조건도 영어로 기억하는 것이 편리한데, H는 직각삼각형의 빗변(Hypotenuse)을 뜻하고 R은 직각(Right angle)을 뜻한다.

학생들이 삼각형의 합동조건을 삼각형의 닮음조건과 혼동하는 경우가 자주 있다.

한 도형을 일정한 비율로 확대 또는 축소하거나 그대로 다른 도형에 포갤 수 있을 때, 이들 두 도형은 서로 닮았다 또는 닮음인 관계가 있다고 하고, 닮은 두 도형을 닮은 도형 또는 닮은꼴이라고 한다. 두 도형 A와 B가 서로 닮았을 때 기호 ∽를 사용하여 A∽B와 같이 나타낸다. 따라서 합동인 두 삼각형은 닮았지만, 두 도형이 닮았다고 해서 합동은 아니다.

두 삼각형이
포개어지면 합동이지.

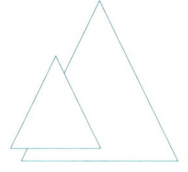
그런데 이 두 삼각형은
포개어지지는 않지만 모양은
닮았으므로 닮은 삼각형이네.

일반적으로 닮은 두 평면도형에서 대응변의 길이의 비는 일정하고, 대응각의 크기도 같다. 따라서 삼각형에서 세 각의 크기가 같다면 닮았지만 합동이라고 단정해서는 안 된다.

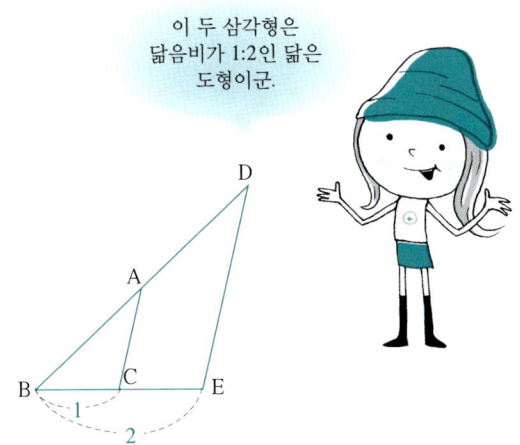

이 두 삼각형은 닮음비가 1:2인 닮은 도형이군.

두 삼각형이 어떤 경우에 닮았는지 알아보자.

가장 쉽게 생각할 수 있는 것은, 두 삼각형에서 대응하는 변의 길이의 비가 모두 같고, 대응하는 세 각의 크기가 각각 같으면 두 삼각형은 닮았다.

일반적으로 두 삼각형이 닮음이 되기 위한 조건은 다음과 같다.

① 세 쌍의 대응변의 길이의 비가 같을 때 (SSS 닮음)

$$\frac{a}{a'} = \frac{b}{b'} = \frac{c}{c'}$$

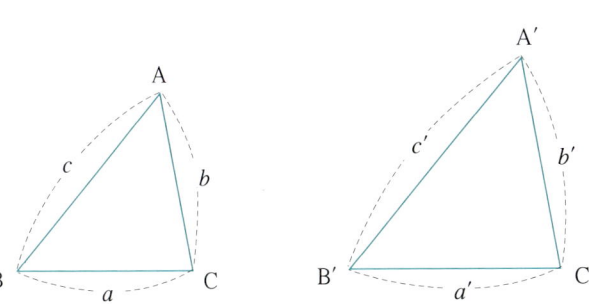

② 두 쌍의 대응변의 길이의 비가 같고, 그 끼인각의 크기가 같을 때 (SAS 닮음)

$$\frac{a}{a'} = \frac{c}{c'}, \quad \angle B = \angle B'$$

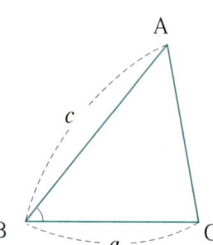 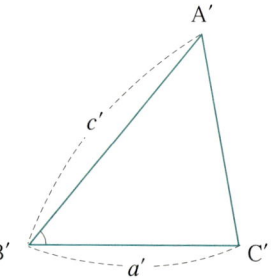

③ 두 쌍의 대응각의 크기가 같을 때 (AA 닮음)

$$\angle A = \angle A' \qquad \angle B = \angle B'$$

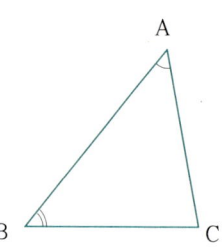 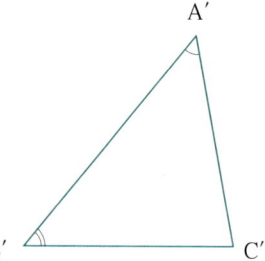

위의 닮음조건 ③은 합동조건에서 한 변과 양 끝 각이 같음을 요구하는 것에 비해 변에 대한 언급이 없다는 것에 유념해야 한다.

두 삼각형의 닮음에 대한 예를 들어보자.

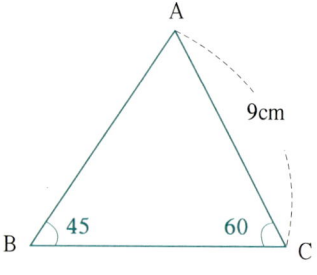 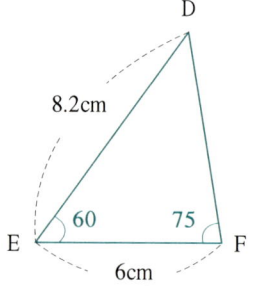

앞의 그림에서 두 삼각형은 두 쌍의 대응각의 크기가 같으므로 닮았다. 그러므로 ∠A의 대응각은 ∠F이고, 변 AB의 대응변은 변 DF임을 알 수 있다. 또한 변 AC의 대응변은 변 EF이므로 두 삼각형의 닮은비는 9:6=3:2임을 알 수 있다.

이제 앞에서 주어진 문제로 돌아가보자. 정민이와 민정이는 두 삼각형의 합동조건과 닮음조건을 혼동하여 하나씩 실수를 하게 됐다. 따라서 민정이와 정민이가 틀리게 말한 부분은 다음과 같다.

> 민정이는 세 각의 크기가 각각 같을 때 삼각형이 합동이라고 말한 것이 틀렸고, 정민이는 $\overline{AB} = \overline{DE}$, $\overline{AC} = \overline{DF}$, ∠B = ∠E이기 때문에 합동이라고 말한 것이 틀렸다.
> $\overline{AB} = \overline{DE}$, $\overline{AC} = \overline{DF}$ 이라면 ∠A = ∠D이어야 합동이다.

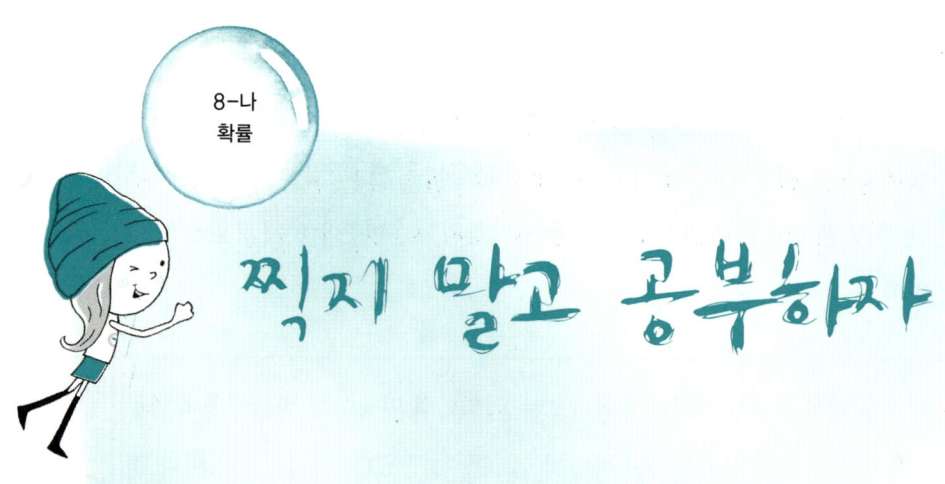

찍지 말고 공부하자

8-나
확률

지금은 기말고사 기간!

나는 모든 과목을 미리 준비한 덕에 별 어려움 없이 시험에 임할 수 있었다.

오늘은 내가 좋아하는 과목 중 하나인 수학시험을 보는 날.

드디어 선생님께서 시험지를 들고 웃으면서 나타나셨다.

"모두들 열심히 공부했다면 문제는 쉽게 풀릴 겁니다. 우선 쉽고 아는 문제부터 풀기 시작하세요."

그런데 1번과 2번 문제를 보는 순간 어떻게 풀어야 할지 아리송했다. 그래서 마지막에 풀기로 했다.

문제를 거의 다 풀어 답을 적어가고 있을 무렵 선생님께서 시험이 끝날 시간이 다 되었다고 알려주시는 소리에 놀라 답안지를 확인하여 보니 아차!

아까 그 두 문제를 풀지 않은 것이다.

문제는 5지선다형인데, 하는 수 없이 아무 답이나 선택하고 답안지를 제출하고 말았다.

흑흑…

과연 내가 선택한 답이 정답일까?

5지선다형(보기가 5개인 선택형 문항)의 두 문제를 모두 아무 답이나 선택했을 때, 적어도 한 문제가 정답일 확률을 구하여라.

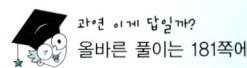
(두 문제 중 적어도 1문제를 맞출 확률)
= (1문제를 맞출 확률) + (2문제를 맞출 확률)
$= \dfrac{1}{5} \times \dfrac{4}{5} + \dfrac{1}{5} \times \dfrac{1}{5}$
$= \dfrac{4}{25} + \dfrac{1}{25}$
$= \dfrac{5}{25} = \dfrac{1}{5}$

민정이는 풀이에서 (1문제를 맞출 확률)을 $\dfrac{1}{5} \times \dfrac{4}{5} = \dfrac{4}{25}$ 로 계산하는 실수를 했다. 예를 들어, A, B 두 문제가 있을 경우 A 문제를 맞추고 B 문제를 틀릴 경우도 있지만, A 문제를 틀리고 B 문제를 맞출 경우도 있기 때문에 $\dfrac{1}{5} \times \dfrac{4}{5} \times 2 = \dfrac{8}{25}$ 와 같이 계산해야 한다. 특히, 확률에 관한 문제를 풀 때 '적어도' 라는 말이 들어 있으면 여사건의 확률을 이용하는 것이 편리하다.

어떤 사건이 일어날 가능성을 수로 나타낸 것이 확률이다

주사위를 던질 때, '2의 눈이 나온다.' 또는 '5 이상의 눈이 나온다.' 등과 같이 실험이나 관찰에 의하여 일어나는 결과를 사건이라고 한다. 그리고 사건이 일어나는 가지 수를 경우의 수라고 한다.

예를 들어, 한 개의 주사위를 던질 때 2의 눈이 나오는 경우의 수는 1가지, 5 이상의 눈이 나오는 경우는 2가지이다. 따라서 한 개의 주사위를 던질 때, 2의 눈 또는 5 이상의 눈이 나오는 경우의 수는 1+2=3가지이다.

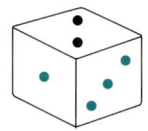 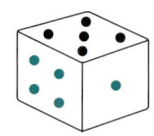 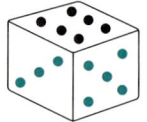

앞의 경우와 같이 두 사건 A, B가 일어나는 경우의 수가 각각 m, n가지이고 두 사건 A, B가 동시에 일어나지 않을 때, 사건 A 또는 사건 B가 일어나는 경우의 수는 $m+n$이다.

음. 그러니까 A가 m가지의 경우로 일어나고 그 각각에 대하여 사건 B가 n가지의 경우로 일어날 때, 사건 A, B가 동시에 일어나는 경우의 수는 $m \times n$가지로군.

그렇다면 두 사건 A, B가 동시에 일어날 때의 경우의 수는 얼마일까?

예를 들어, 100원짜리 동전 1개와 주사위 1개를 동시에 던질 때 일어날 수 있는 모든 경우의 수는 얼마일까? 예를 들어 그림에서와 같이 동전이 앞면이 나오고, 주사위의 눈이 1, 2, 3, 4, 5, 6이 나오는 경우와 동전이 뒷면이 나오고 1, 2, 3, 4, 5, 6이 나오는 경우가 있다. 따라서 동전과 주사위를 동시에 던질 때 일어나는 경우의 수는 2×6=12 가지이다. 일반적으로 사건 A가 m가지의 경우로 일어나고 그 각각에 대하여 사건 B가 n가지의 경우로 일어날 때, 사건 A, B가 동시에 일어나는 경우의 수는 m×n가지이다.

이제 확률에 대하여 알아보자.

확률이란 간단히 말해서 어떤 사건이 일어날 가능성을 수로 나타낸 것을 말한다. 즉, 같은 조건으로 많은 횟수의 시행을 되풀이할 때, 어떤 사건이 일어날 상대도수가 일정한 값에 가까워질 때, 이 일정한 값이 바로 그 사건이 일어날 확률인 것이다. 여기서 상대도수란 어떤 계급의 도수를 전체 도수로 나눈 값이다. 이를 테면, 한 개의 동전을 던졌을 때, 나올 수 있는 면은 앞면 또는 뒷면의 2가지로 그 가능성은 모두 같다. 따라서 앞면이 나올 확률은 $\frac{1}{2}$이다. 또한 주사위를 던졌을 때 3의 눈이 나올 확률은 6가지 중에서 한 가지이므로 그 확률은 $\frac{1}{6}$이다.

어떤 시행에서 일어날 수 있는 모든 경우의 수가 n이고, 각 경우가 일어날 가능성이 같다고 하자. 이때, 어떤 사건 A가 일어나는 경우의 수가 a이면, 그 사건 A가 일어날 확률 p는

$$p = \frac{(\text{사건 } A\text{가 일어나는 경우의 수})}{(\text{일어날 수 있는 모든 경우의 수})} = \frac{a}{n}$$

예를 들어 두 개의 주사위 A, B를 동시에 던질 때 모두 홀수의 눈이 나올 확률을 구해보자. 두 개의 주사위 A, B를 동시에 던질 때, 눈이 나오는 모든 경우의 수는 다음 표와 같이 6×6=36가지이다.

B \ A	1	2	3	4	5	6
1	(1,1)	(1,2)	(1,3)	(1,4)	(1,5)	(1,6)
2	(2,1)	(2,2)	(2,3)	(2,4)	(2,5)	(2,6)
3	(3,1)	(3,2)	(3,3)	(3,4)	(3,5)	(3,6)
4	(4,1)	(4,2)	(4,3)	(4,4)	(4,5)	(4,6)
5	(5,1)	(5,2)	(5,3)	(5,4)	(5,5)	(5,6)
6	(6,1)	(6,2)	(6,3)	(6,4)	(6,5)	(6,6)

이때, 모두 홀수의 눈이 되는 경우는 (1,1), (1,3), (1,5), (3,1), (3,3), (3,5), (5,1), (5,3), (5,5)의 9가지이므로 구하는 확률은 $\frac{9}{36} = \frac{1}{4}$이다.

확률은 가능성을 나타내는 수, 즉 백분율을 나타내므로 0 이상 1 이하의 수가 된다. 예를 들어, 주머니 속에 검은 돌이 5개 들어 있다고 하자.

이 주머니에서 임의로 한 개의 돌을 꺼낼 때 그것이 검은 돌일 확률은 $\frac{5}{5} = 1$이다. 이와 같이 반드시 일어날 사건의 확률(100%의 확률)은 1이다.

이번에는 주머니 속에 흰색 돌이 5개 들어 있다고 하자.

이 주머니에서 임의로 한 개의 돌을 꺼낼 때 그것이 검은 돌일 확률은 $\frac{0}{5} = 0$. 즉, 절대로 일어날 수 없는 사건의 확률은 0이다.

일반적으로 확률에는 다음과 같은 성질이 있다.

① 어떤 사건이 일어날 확률을 p라고 하면 $0 \leq p \leq 1$이다.
② 절대로 일어날 수 없는 사건의 확률은 0이다.
③ 반드시 일어나는 사건의 확률은 1이다.

또 다른 예를 들어보자. 1에서 10까지의 숫자가 각각 하나씩 적힌 10장의 카드가 있다. 임의로 한 장의 카드를 뽑을 때, 그것이 3의 배수가 아닌 카드일 확률을 구하여 보자.

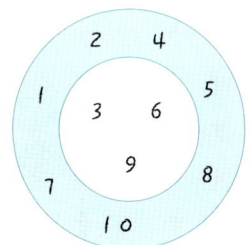

1에서 10까지의 정수 중에서 3의 배수는 3, 6, 9 이므로 3의 배수인 카드가 뽑힐 확률은 $\frac{3}{10}$이다. 또 한 장의 카드를 뽑을 때, 그것이 3의 배수가 아닌 카드일 확률은 다음과 같다.

$$\frac{10-3}{10} = 1 - \frac{3}{10} = \frac{7}{10}$$

일반적으로 사건 A가 일어날 확률이 p이면, 사건 A가 일어나지 않을 확률은 $1-p$이다.(이 경우를 여사건이라고 한다.)

그럼, 여사건의 확률은 $1 - \frac{2}{5} = \frac{3}{5}$이지.
즉, 네가 5문제 중 2문제를 맞추지 못할 확률이지.

내가 5문제 중에서 2문제를 맞출 확률은 $\frac{2}{5}$지.

이제 확률의 계산에 대하여 알아보자.

한 개의 주사위를 던질 때, 2의 눈 또는 홀수의 눈이 나올 확률을 구해보자. 한 개의 주사위를 던질 때, 일어날 수 있는 모든 경우의 수는 6가지이고, 2의 눈이 나오는 경우는 1가지, 홀수의 눈이 나오는 경우는 3가지이다. 그런데 2의 눈이 나오는 사건과 홀수의 눈이 나오는 사건은 동시에 일어날 수 없으므로 2 또는 홀수의 눈이 나올 경우의 수는 1 + 3 = 4가지이다. 따라서

(2의 눈 또는 홀수의 눈이 나올 확률)
= (2의 눈이 나올 확률) + (홀수의 눈이 나올 확률)
$= \dfrac{1}{6} + \dfrac{3}{6}$
$= \dfrac{4}{6} = \dfrac{2}{3}$

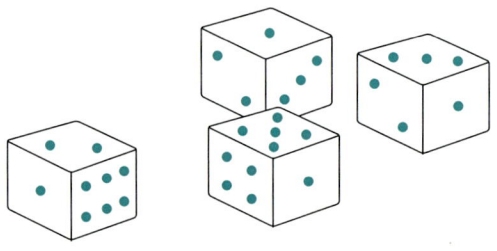

일반적으로 사건 A와 B가 동시에 일어나지 않을 때, 사건 A가 일어날 확률을 p, 사건 B가 일어날 확률을 q라 하면, 사건 A 또는 B가 일어날 확률은 $p + q$와 같다.

이번에는 두 사건이 동시에 일어날 경우를 생각해보자.

정민이가 정범이와 같은 조를 이루고, 민정이와 동혁이가 같은 조를 이루어 2인 1조로 하는 주사위 게임을 하고 있다. 지금까지는 정민이 조의 점수가 민정이 조에 뒤져 있으나 마지막 회에 정범이가 던진 주사위 A의 눈이 3의 배수이고 정민이가 던진 주사위 B의 눈이 짝수이면 이 게임에서 이길 수 있다고 한

다. 이 게임에서 정민이 조가 민정이 조에게 이길 확률을 구해보자.

한 개의 주사위를 2번 던질 때, 처음에는 3의 배수, 다음에는 짝수의 눈이 나올 확률을 구하면 된다. 3의 배수는 3과 6뿐이고 짝수는 2, 4, 6의 3가지이므로, 처음에는 3의 배수가 나오고 다음에는 짝수의 눈이 나오는 경우의 수는 2×3=6가지이다. 그런데 일어날 수 있는 모든 경우의 수는 36가지이므로 구하는 확률은 다음과 같다.

$$\frac{2 \times 3}{36} = \frac{2}{6} \times \frac{3}{6} = \frac{6}{36} = \frac{1}{6}$$

일반적으로 사건 A, B가 서로 영향을 끼치지 않을 경우, 사건 A가 일어날 확률을 p, 사건 B가 일어날 확률을 q라 하면 사건 A와 B가 동시에 일어날 확률은 $p \times q$이다.

이제, 앞의 문제로 돌아가서 주어진 문제를 올바르게 풀면 다음과 같다.

> (적어도 1문제를 맞출 확률) = 1 − (2문제 모두 맞추지 못할 확률)
> $$= 1 - \frac{4}{5} \times \frac{4}{5}$$
> $$= 1 - \frac{16}{25} = \frac{9}{25}$$
>
> $\frac{9}{25} = 0.36$ 이므로 이것을 퍼센트로 나타내면 36%이다.
> 따라서 적어도 1문제가 정답일 확률은 0.36이다.

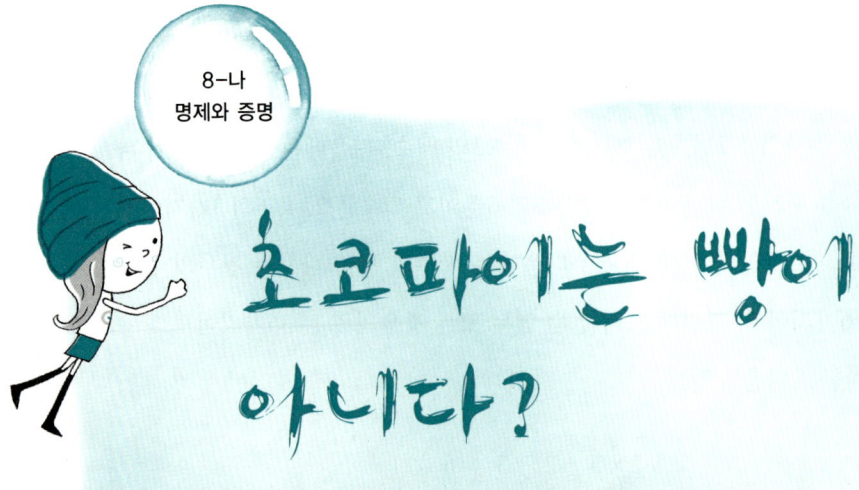

8-나
명제와 증명

초코파이는 빵이 아니다?

우리 수학선생님께서는 빵을 무척 좋아하신다. 그래서 별명이 클레오빵트라이시다.

선생님께서는 우리 반의 수학 성적이 좋지 않다고 말씀하시며, 만약 이번 시험에서 우리 반 수학 점수의 평균이 학년 수학 점수의 평균보다 5점 이상 높으면 우리 모두에게 맛있는 빵을 사주겠다고 약속하셨다. 우리는 그 빵을 먹기 위해서라기보다 선생님의 기대에 부응하기 위해 열심히 수학 공부를 했다. 그 결과, 세상에 이런 일이!!! 우리 반의 수학 평균이 학년 평균보다 무려 5.5점이 높다는 것이 아닌가!

우리는 약속대로 선생님께 빵을 사달라고 했다. 선생님께서는 아주 기뻐하시며 다음 시간에 사주겠다고 하셨다.

드디어 수학 시간. 아이들은 상상했다. 맛있는 케이크일까? 크림빵일까?

그런데 아니, 이럴 수가!

선생님께서는 초코파이를 우리 반 아이들 수만큼 사가지고 오신 것이다.

"선생님, 초코파이도 빵인가요?"

그랬더니 선생님께서는 다음과 같이 말씀하셨다.

"초코파이가 빵이 아님을 증명해보렴. 그럼 다른 빵을 사줄 테니".

에구구... 결국 우리는 그날 초코파이를 먹어야만 했다.

 초코파이가 빵임을 증명하여라.

 초코파이는 밀가루를 이용하여 만들고, 빵도 밀가루를 이용하여 만든다. 또, 초코파이는 동그란 원 모양을 하고 있고, 대부분의 빵도 원 모양을 하고 있다. 따라서 초코파이는 빵이다.

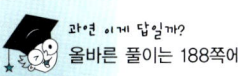
과연 이게 답일까?
올바른 풀이는 188쪽에

 어떤 명제가 수학적으로 옳다는 것을 보이는 것을 증명이라고 한다. 즉, 그 내용이 참인지 거짓인지를 명확하게 판별할 수 있는 문장을 명제라고 하고, 그것이 참 또는 거짓임을 확인하는 것이 증명이다. 그런데 민정이는 주어진 문제가 명제인지 아닌지 확인하지 않고 바로 증명을 하려고 했다. 위의 경우에는 사람마다 생각이 다를 수 있으므로 초코파이가 빵인지 아닌지 명확하게 할 수 없다. 따라서 명제가 아니므로 증명을 시도할 필요가 없다. 그러므로 주어진 문장이 명제인지 아닌지를 판정하는 것을 우선해야 한다.

초코파이는 밀가루로 만들어졌고 동그란 모양이므로 빵이네.

증명은 명제가 참인지 거짓인지 판정하는 것이다

우리가 사용하는 문장 중에는 그 내용이 참인지 거짓인지를 판별할 수 있는 것과 판별할 수 없는 것이 있다. 이를테면, '고양이는 동물이다.' '넓이가 같은 두 삼각형은 합동이다.' 와 같은 문장은 참, 거짓을 판별할 수 있다. 그러나 '수학이 영어보다 재미있다.' 와 같은 문장은 사람마다 생각하는 것이 달라서 재미있다는 기준이 명확하지 않으므로 참, 거짓을 말할 수 없다.

문장의 내용이 참인지 거짓인지를 판별할 수 있는 문장을 명제라고 한다. 모든 명제는 'p이면 q이다' (기호로 나타내면 $p \rightarrow q$)의 꼴로 바꿀 수 있고, p를 가정, q를 결론이라 한다. 이때, p, q는 각각 하나의 완전한 문장이 되도록 하는데 명제의 내용이 바뀌지 않게 주의하여 주어와 서술어를 택해 나타낼 수 있다.

명제 '정삼각형의 세 내각의 크기는 같다' 의 가정은 '삼각형이 정삼각형이다.' 이구나.

그렇다면 결론은 '그 삼각형의 세 내각의 크기는 같다.' 로 나타낼 수 있구나.

명제 'p이면 q이다'의 가정과 결론을 바꾸어놓은 명제 'q이면 p이다'를 명제 'p이면 q이다'의 역이라 한다. 예를 들어, 명제 '$x = 1$이면 $x + 2 = 3$이다.'의 역은 '$x + 2 = 3$이면 $x = 1$이다.' 이다. 그러나 주어진 명제가 참이라고 해서 그 명제의 역이 항상 참이 되는 것은 아니다.

이제 정의에 대해 알아보자.

'정삼각형의 뜻을 말하여라.'라고 하면 '세 변의 길이가 모두 같은 삼각형'이라고 말하는 학생도 있고, '세 각의 크기가 모두 같은 삼각형'이라고 말하는 학생도 있다. 이와 같이 사람에 따라서 정삼각형의 뜻을 여러 가지로 말하는 것을 방지하기 위하여 수학에서는 용어나 기호들의 뜻을 간결하고 확실한 것 하나만을 정하여 사용한다. 이와 같이 용어가 가리키는 것이 무엇인지를 확실하고 간결하게 설명하는 문장을 그 용어의 정의라고 한다. 그러나 모든 용어를 다 정의할 수는 없다. 따라서 정의 없이 사용되는 용어도 있는데, 이를 무정의 용어라고 한다.

우리는 몇 개의 삼각형을 직접 각도기로 재어 내각의 크기의 합이 180°임을 추측할 수 있다. 그러나 이러한 관찰을 통해 모든 삼각형에서 그렇다고 단정할 수는 없다. 어떤 성질을 항상 옳다고 말하려면 그 성질이 참이 되는 이유를 밝히는 설명이 필요하다. 이와 같이 어떤 명제가 참임을 설명할 때, 이미 옳다고 알려진 성질을 이용하여 명제의 가정으로부터 체계적으로 결론을 이끌어 내는 것을 증명이라고 한다. 증명을 할 때에 많이 쓰이는 방법은 먼저 명제의 가정과 결론을 분명히 하고, 주어진 가정과 이미 알고 있는 옳은 사실이나 성질을 이용하여 결론을 이끌어내는 것이다. 증명된 명제 중에서 다른 명제를 증명하는 데 이용되며 기본이 되는 중요한 명제를 정리라고 한다. 용어의 정의는 각각에 대하여 오직 한 가지로 되어 있지만, 정리는 각각에 대하여 여러 가지가 있을 수 있다.

다음 표는 용어에 대한 정의와 그에 따른 정리를 소개한 것이다.

	정의	정리
정삼각형	■ 세 변의 길이가 같은 삼각형	■ 세 내각의 크기가 같은 삼각형
이등변삼각형	■ 두 변의 길이가 같은 삼각형	■ 두 내각의 크기가 같은 삼각형 ■ 두 밑각의 크기는 같다. ■ 꼭지각의 이등분선은 밑변을 수직이등분한다.
사다리꼴	■ 한 쌍의 대변이 서로 평행한 사각형	
평행사변형	■ 두 쌍의 대변이 각각 평행한 사각형	■ 두 쌍의 대변의 길이는 각각 같다. ■ 두 쌍의 대각의 크기는 각각 같다. ■ 두 대각선은 서로 다른 것을 이등분한다. ■ 한 쌍의 대변이 평행하고 그 길이가 같다.
직사각형	■ 네 각의 크기가 모두 직각인 사각형	■ 두 대각선의 길이가 같다. ■ 두 대각선은 서로 다른 것을 이등분한다.
마름모	■ 네 변의 길이가 모두 같은 사각형	■ 두 대각선은 서로 다른 것을 수직이등분한다.
정사각형	■ 네 변의 길이가 모두 같고, 네 내각이 모두 직각인 사각형	■ 두 대각선의 길이는 같고, 서로 다른 것을 수직이등분한다.
등변사다리꼴	■ 아랫변의 양 끝각의 크기가 같은 사다리꼴	■ 평행이 아닌 한 쌍의 대변의 길이가 같다. ■ 두 대각선의 길이가 같다. (참고:정사각형, 직사각형은 모두 등변사다리꼴이다.)

이제, 증명의 예를 살펴보도록 하자.

이등변삼각형의 두 밑각의 크기가 서로 같음을 두 가지 방법으로 증명해보자.

[가정] △ABC에서 $\overline{AB} = \overline{AC}$

[결론] ∠B=∠C

[증명] $\overline{BC}$의 중점을 M이라 하면 △ABM과 △ACM에서

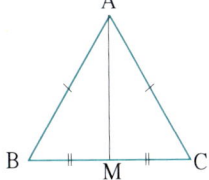

　　　$\overline{AB} = \overline{AC}$ (가정) 　　⋯⋯ ①

　　　$\overline{AM}$은 공통 　　　　　⋯⋯ ②

　　　$\overline{BM} = \overline{CM}$ (M : 중점) 　⋯⋯ ③

　　　①, ②, ③에서 대응하는 세 변의 길이가 각각 같으므로

$$\triangle ABM \equiv \triangle ACM \quad (SSS합동)$$

$$\therefore \angle B = \angle C$$

따라서 이등변삼각형의 두 밑각의 크기는 서로 같다.

다음과 같이 증명할 수도 있다.

[가정] △ABC에서 $\overline{AB} = \overline{AC}$

[결론] ∠B = ∠C

[증명] ∠A의 이등분선이 밑변 BC와 만나는 점을 M이라

　　　하면 △ABM과 △ACM에서

　　　$\overline{AB} = \overline{AC}$ (가정) 　　　　　⋯⋯ ①

　　　$\overline{AM}$은 공통 　　　　　　　⋯⋯ ②

　　　∠BAM=∠CAM ($\overline{AM}$은 각 A의 이등분선)⋯⋯ ③

　　　①, ②, ③에서 대응하는 두 변의 길이와 그 끼인각의 크기가 각각 같으므로

$$\triangle ABM \equiv \triangle ACM \ (SAS합동)$$

$$\therefore \angle B = \angle C$$

증명은 너무 어려워.

어떤 명제를 증명하는 방법은 여러 가지가 있는데, 그 중에서 자기가 편한 방법을 선택하여 이용하면 돼.

따라서 이등변삼각형의 두 밑각의 크기는 서로 같다. 증명, 명제, 정리에 대해 알았으면 이제 앞의 문제를 다시 생각해보자.

> 주어진 문제는 '초코파이가 빵임을 증명하여라.' 인데, 이는 수학적으로 명제가 아니다. 어떤 사람은 초코파이가 빵이라고 생각하는 사람이 있을 수 있고, 또 다른 사람은 빵이 아니라고 생각할 수 있다. 그 이유는 초코파이와 빵에 대한 수학적인 정의가 명확하지 않기 때문이다. 따라서 우선 주어진 문장이 명제인지 아닌지를 판정하고, 만약 명제라면 참인지 거짓인지를 확인해야 한다. 그리고 명제가 참이면 참인 이유를 설명해야 한다. 이런 과정을 증명이라고 한다.

쉬어가기

수학은 엄밀한 기본원리와 논리에 의하여 전개되는 매우 튼튼한 구조를 가진 학문이다. 그러나 경우에 따라서는 엉뚱한 실수로 황당한 답을 얻을 수 있는 경우가 매우 많다.

이제 이런 사소한 실수들이 수학적으로 어떤 엄청난 결과를 가져올 수 있는지 알아보자.

먼저 a를 영이 아닌 임의의 수라고 하자. 그리고 a와 같은 수를 b라 하자. 즉 $b = a$. 그러면 다음과 같이 계산할 수 있다.

① $b = a$
② $ab = a^2$ (등식의 성질에 의하여 양변에 같은 수 a를 곱했다.)
③ $ab - b^2 = a^2 - b^2$ (등식의 성질에 의하여 양변에서 같은 수 b^2을 뺐다.)
④ $(a-b)b = (a+b)(a-b)$ (양변을 인수분해했다.)
⑤ $b = a + b$ (등식의 성질에 의하여 양변을 같은 수 $a-b$로 나누었다.)
⑥ $a = 2a$ ($b = a$이므로, b를 a로 바꾸었다.)
⑦ $1 = 2$ (등식의 성질에 의하여 같은 수 a로 나누었다.)

앗! 1과 2가 같다면 1=0이 되므로 이 세상의 모든 수는 다 0과 같다는 것인데……

과연 어디가 틀린 것일까?

단계 ④에서 단계 ⑤로 넘어올 때, 양변을 같은 수 $a-b$로 나누었다. 그런데

a와 b가 같기 때문에 $a-b=0$이다. 양변을 0으로 나눈 것이다. 따라서, 0으로 나눌 수 있다면 이 세상의 모든 수가 같게 되므로, 0으로 나누는 것은 잘못된 것이다. 물론 이것 때문에 0으로 나누지 못하는 것은 아니지만 0으로 나눌 수 있다면 이런 일이 벌어진다.

이와 비슷한 경우가 또 있다.
a와 b를 0이 아닌 임의의 수라고 하자.
그러면 $a+b=2c$가 되는 수 c를 항상 찾을 수 있다. 예를 들어 $1+2=2\times\frac{3}{2}$과 같이. 이때 다음 식을 살펴보자.

① $a+b=2c$
② $(a-b)(a+b)=2c(a-b)$ (양변에 같은 수 $a-b$를 곱하였다.)
③ $a^2-b^2=2ca-2cb$ (양변을 전개하였다.)
④ $(a-c)^2=(b-c)^2$ (양변에 b^2+c^2-2ac를 더했다.)
⑤ $a-c=b-c$ (양변의 제곱을 없앴다.)
⑥ $a=b$ (양변에 같은 수 c를 더했다.)

이 결과는 어떤 두 수는 항상 같다는 것이다.
이를 테면 $1=3$, $2=3$, ⋯ 등과 같이 어떤 두 수도 같다는 것인데······.
왜 이런 어처구니없는 일이 벌어졌을까?

이것도 앞에서와 마찬가지로 $a=b$ 라면 $a-b=0$ 인데, ②에서 양변에 0을 곱한 후 0을 가지고 계산했기 때문이다.

여러분은 이런 사소한 실수를 범하지 말고 차근차근 문제를 풀기 바란다. 아무리 수학을 잘해도 이런 사소한 실수가 반복되면 결국 실력이 떨어지는 것이다.

8-나
삼각형의 외심

경찰관 아저씨의 위치는?

오늘 따라 선생님의 종례시간이 무척 길게 느껴졌다. 왜냐하면 정민이와 남대문 시장에 가기로 했기 때문이다. 들뜬 마음 때문에 선생님께서 뭐라고 하시는지 귀에 하나도 들어오지 않았다.

나와 정민이는 우리 집에 들러 가방을 놓은 뒤 엄마의 차 조심하라는 당부를 뒤로 하고 얼른 남대문 시장으로 향했다.

버스를 타고 재잘거리다보니 벌써 남대문 시장 근처에 도착했다. 남대문 시장에 가기 전에 먼저 들를 곳이 있어서 한 정거장 먼저 내렸다. 그곳은 삼거리였는데, 도로 한가운데에서 경찰관 아저씨께서 교통정리를 하고 계셨다.

갑자기 정민이가 내게 물었다.

"민정아, 저 경찰관 아저씨께서 서계시는 위치를 구할 수 있을까?"

"글쎄?"

"난 구할 수 있는데."

얄미운 정민이. 항상 나보다 똑똑한 척한다. 그렇지만 난 그런 정민이를 미워할 수 없다. 우린 친구니까.

 경찰관 아저씨께서 그림과 같은 삼거리의 각 지점 A, B, C에서 같은 거리에 있는 지점에 서계실 때, 그 지점을 어떻게 구할까?

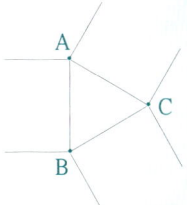

 세 점 A, B, C로부터 같은 거리에 있는 점이므로 삼각형의 내심에 서계시다.

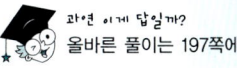

 모든 삼각형은 다음과 같은 중심을 갖는데 이를 모두 통틀어 오심이라고 한다.

① 외심: 세 변의 수직이등분선의 교점 (외접원의 중심)
② 내심: 세 내각의 이등분선의 교점 (내접원의 중심)
③ 무게중심: 세 중선(삼각형의 한 꼭지점과 그 대변의 중점을 이는 선분)의 교점
④ 수심: 세 수선(꼭지점에서 대변 또는 그 연장선에 수직으로 내린 선)의 교점
⑤ 방심: 한 내각의 이등분선과 나머지 두 외각의 이등분선의 교점
　　　(삼각형의 외부에 세 개가 있다.)

민정이는 외심과 내심을 착각하여 세 점 A, B, C로부터 같은 거리에 있는 점을 삼각형의 내심이라 하였다. 그러므로 삼각형의 오심이 무엇인지 정확히 알아야 한다.

삼각형의 외심, 내심, 무게중심을 구해보자

삼각형의 세 꼭지점을 지나는 원을 그 삼각형의 외접원이라고 하고, 외접원의 중심을 그 삼각형의 외심이라고 한다. 삼각형의 외심에 대해 알아보기 위해 다음과 같이 해보자.

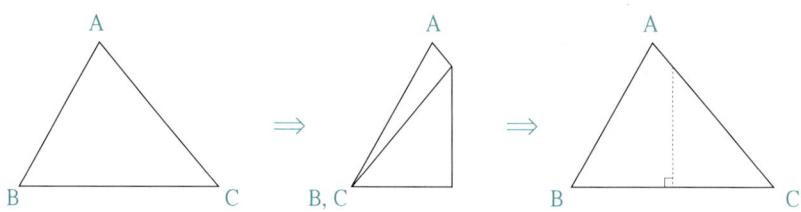

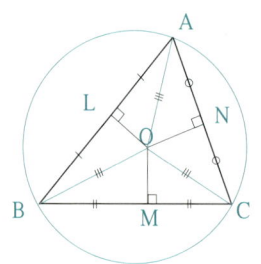

종이를 오려 삼각형 ABC를 만들어 꼭지점 B, C가 겹치도록 접었다가 펴보자. 나머지 두 변도 같은 방법으로 접었다가 펴보면 세 개의 접힌 선이 만나는 점이 생기는 데 이 점이 외심이다. 즉, 삼각형의 세 변의 수직이등분선은 한 점에서 만나는 데 그 점을 외심이라고 한다. 외심은 외접원의 중심이므로 외심에서 삼각형의 세 꼭지점에 이르는 거리는 같다.

즉, △ABC의 외심을 O라 하면 $\overline{OA} = \overline{OB} = \overline{OC}$ 이다.

삼각형의 외심의 위치는 그 종류에 따라 다르다. 예각삼각형의 경우 외심은 삼각형의 내부에, 직각삼각형의 경우 빗변의 중점에, 그리고 둔각삼각형의 경우 외심은 삼각형의 외부에 위치한다.

어떠한 삼각형에 대해서도 세 꼭지점을 지나는 원을 그릴 수 있다. 왜냐하면, 어떤 삼각형도 외심이 존재하고 외심에서 각 꼭지점에 이르는 거리는 같기 때문에 외심을 중심으로 하여 세 꼭지점을 지나는 원을 그릴 수 있기 때문이다.

삼각형의 외심은 반드시 한 개 존재하지만 사각형, 오각형, … 등의 다각형은 외심이 존재하지 않을 수도 있다. 모든 삼각형은 외접원을 갖지만, 변의 개수가 4개 이상인 다각형은 외접원을 갖지 않을 수도 있기 때문이다.

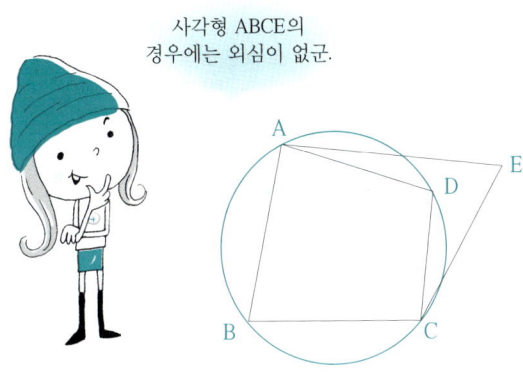

만약, 옛날 우리 선조들이 쓰던 유물이 발견되었는데 그것이 그림과 같이 일부분이 깨진 둥근 모양의 접시였다면, 접시의 나머지 부분을 어떻게 복원하면 될까?

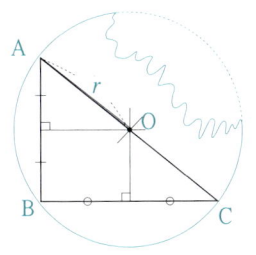

왼쪽 그림과 같이 깨진 접시 가장 자리에 세 점 A, B, C를 잡고 △ABC의 외심 O를 구하면 $\overline{OA}$의 길이 r를 반지름으로 하는 원 모양이 이 접시의 원래 모양이다.

다각형의 모든 변이 원의 접선일 때, 이 다각형을 외접다각형, 원을 내접원이라고 한다. 삼각형의 내심에 대해 알아보기 위해 다음과 같이 해보자.

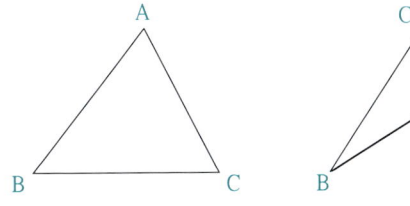 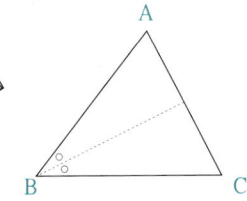

종이를 오려 삼각형 ABC를 만들어 삼각형 ABC의 두 변 AB, BC가 겹치도록 접었다가 편다. 나머지 두 각도 같은 방법으로 접었다가 펴면 세 개의 접힌 선이 한 점에서 만남을 알 수 있는데, 이 점이 내심이다.

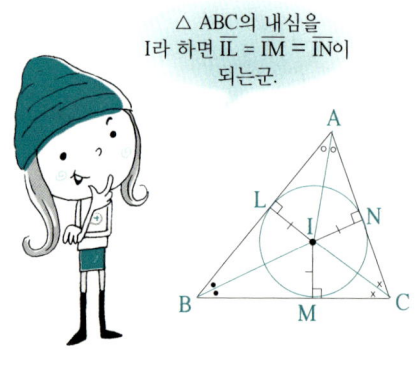

즉, 삼각형의 세 내각의 이등분선은 한 점에서 만나는 데 그 점을 내심이라고 한다. 내심에서 삼각형의 세 변에 이르는 거리는 같다.

따라서 내심을 중심으로 하여 원을 그리면 항상 삼각형의 세 변에 내접하는 원을 그릴 수 있다.

삼각형의 내심은 외심과는 달리 항상 삼각형의 내부에 있다. 삼각형의 내심은 반드시 한 개 존재하지만, 사각형, 오각형,… 등의 다각형은 내심이 존재하지 않을 수도 있다.

이번에는 삼각형의 무게중심에 대해 알아보자.

삼각형의 한 꼭지점과 그 대변의 중점을 이은 선분을 중선이라고 하는데, 삼각형의 세 중선의 교점을 삼각형의 무게중심이라 한다. 삼각형의 무게중심에 대해 알아보기 위해 다음과 같이 해보자.

종이에 삼각형을 그려 오려낸 후, 각 꼭지점과 그 대변의 중점을 잇는 선분을 접는 선으로 하여 접어보면, 3개의 접은 선들은 한 점에서 만나는 데 이 점이 삼각형의 무게중심이다.

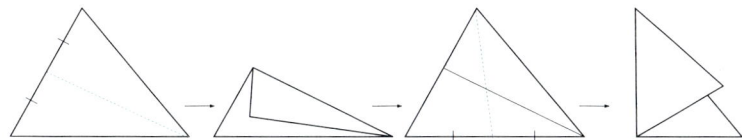

무게중심은 세 중선을 꼭지점으로부터 2 : 1로 나누는 성질을 가지고 있다.

즉, 삼각형ABC의 무게중심을 G라고 하면 $\overline{AG}:\overline{GD} = \overline{BG}:\overline{GE} = \overline{CG}:\overline{GF} = 2 : 1$이다. 또한 무게중심은 삼각형의 넓이를 같게 나눈다. 즉,

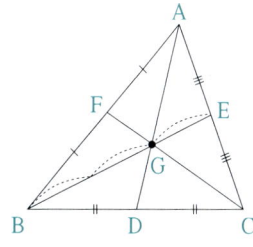

$$\triangle ABG = \triangle BCG = \triangle ACG = \frac{1}{3} \triangle ABC$$

$$\triangle AFG = \triangle BFG = \triangle BDG = \triangle CDG = \triangle CEG = \triangle AEG = \frac{1}{6} \triangle ABC$$

정삼각형은 오심 중에서 내심, 외심, 무게중심, 수심이 일치한다.

이제 민정이의 풀이로 돌아가보자.

경찰관 아저씨는 세 점 A, B, C로부터 같은 거리에 있다. 이것은 외심의 성질이므로 삼각형 ABC의 세 변의 수직이등분선을 그으면 그 점은 한 점 O에서 만나고 이것이 외심이다. 따라서 경찰관 아저씨께서 서계시는 곳은 △ABC의 외심이다.

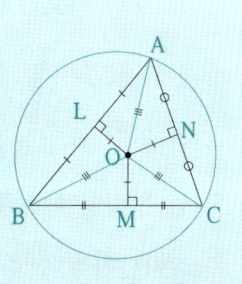

9-가
제곱근

방학 숙제

이제 방학도 거의 끝나간다. 방학 동안 너무 열심히 놀았더니 숙제가 아직 끝나지 않았다. 그래서 요즘 방학 숙제를 하느라고 정신이 없다. 오늘은 미술 숙제를 할 차례이다. 그런데 이번 미술 방학 숙제에 한지 색종이를 이용하려고 한다.

지난번에 엄마 아빠와 함께 종이박물관을 견학했을 때 한지 색종이가 무척 아름다워 몇 장 사두었다.

한지 색종이를 꺼내든 나는 무얼 만들까 고민하다가 종이접기로 여러 가지 모양을 만들어 커다란 도화지에 꾸미기로 했다. 그래서 우선 정범이에게 종이접기 책을 빌렸다. 내 동생 정범이는 어려서부터 종이접기를 아주 잘했다. 그래서 멋진 작품도 많이 만들었다. 정범이에게 접어달라고 할까 하다가 직접 하기로 했다.

고민 끝에 종이접기 주제를 바다 속 풍경으로 정했다. 각종 물고기와 조개 그리고 해초들을 종이로 표현하는 것이다. 작품이 완성되면 멋있을 것 같다.

완성하지도 않았는데 벌써 가슴이 설렌다.

 한 변의 길이가 2이고 넓이가 4인 정사각형 모양의 한지 색종이를 다음과 같이 접었다. 이때, 만들어진 정사각형 ABCD의 넓이가 2라면 한 변의 길이는 얼마인가?

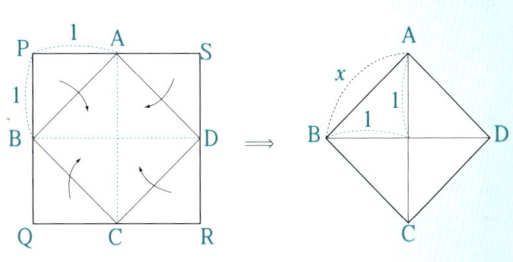

 그림과 같이 정사각형을 만들면 삼각형의 한 변의 길이가 1이므로 정답은 1이다.

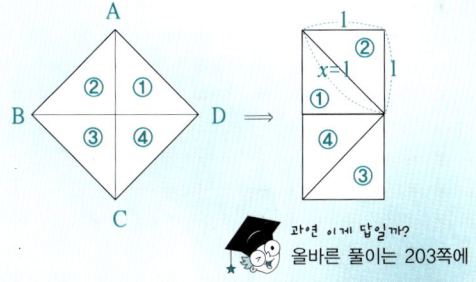

과연 이게 답일까?
올바른 풀이는 203쪽에

 민정이는 직각 이등변삼각형의 빗변의 길이를 1이라고 하였다. 그러나 길이가 같은 세 선분으로는 직각삼각형을 만들 수 없다. 그러므로 민정이의 풀이는 틀렸다는 것을 알 수 있다.

넓이가 a인 정사각형의 한 변의 길이를 x라 하면 $x^2 = a$이다. 이때, x를 a의 제곱근이라 한다.

어떤 수 x를 제곱하여 a가 될 때, x를 a의 제곱근 이라 한다

학생들은 한 변의 길이가 주어진 경우 정사각형을 그리고 그 넓이를 구하는 것에는 익숙하지만, 반대로 넓이가 먼저 주어졌을 경우 그 넓이에 알맞은 정사각형을 그려보라고 하면 당황하는 경우가 많이 있다.

예를 들어 넓이가 1인 정사각형의 한 변의 길이를 x라 하면 $x^2 = 1$이므로 구하는 정사각형의 한 변의 길이는 1이다.

이번에는 넓이가 a인 경우를 살펴보자.

정사각형의 한 변의 길이를 x라 하면 $x^2 = a$

이와 같이, 어떤 수 x를 제곱하여 a가 될 때, x를 a의 제곱근이라 한다. 이를테면 $3^2 = 9$, $(-3)^2 = 9$이므로 9의 제곱근은 3과 -3이다. 양수나 음수를 제곱하면 항상 양수가 되므로 음수의 제곱근은 없다. 또, 제곱하여 0이 되는 수는 0뿐이므로 0의 제곱근은 0이다.

양수 9의 제곱근은 양수 3과 음수 -3으로 2개였다. 일반적으로 양수 a의 제곱근은 양수와 음수 2개이고, 그 절댓값은 같다. 이때 a의 제곱근을 기호 $\sqrt{}$ 를 사용하여 양수인 것을 $\sqrt{a}$, 음수인 것을 $-\sqrt{a}$와 같이 나타낸다. 여기에서 기

호 $\sqrt{}$ 를 근호라 하며, $\sqrt{a}$ 를 제곱근 a 또는 루트 a 라 읽는다. 또 $\sqrt{a}$ 와 $-\sqrt{a}$ 를 한꺼번에 $\pm\sqrt{a}$ 로 나타내기도 한다. 예를 들어, 2의 제곱근은 $\sqrt{2}$, $-\sqrt{2}$ 이고, 이것을 한꺼번에 $\pm\sqrt{2}$ 로 나타내기도 한다. 제곱근의 기호 $\sqrt{}$ 는 1525년에 루돌프(Rudolff)에 의해서 도입되었다. 이는 근을 뜻하는 radix의 첫 글자 r 에서 따왔다.

일반적으로 $a > 0$일 때 $\sqrt{a}$ 와 $-\sqrt{a}$ 는 a의 제곱근이므로 이들을 제곱하면 a가 된다. 즉, $a > 0$일 때,

$$(\sqrt{a})^2 = a, \ (-\sqrt{a})^2 = a$$

예를 들어,

$$(\sqrt{5})^2 - (-\sqrt{3})^2$$

을 계산해보자. 우선 $(\sqrt{5})^2 = 5$ 임을 알 수 있다. 그리고

$$(-\sqrt{3})^2 = (-\sqrt{3}) \times (-\sqrt{3})$$

이므로

$$(-\sqrt{3})^2 = 3$$

이다. 따라서

$$(\sqrt{5})^2 - (-\sqrt{3})^2 = 5 - 3 = 2$$

임을 알 수 있다.

이와 비슷한 경우로 $\sqrt{5^2}$, $\sqrt{(-5)^2}$ 의 값을 알아보자.

$$5^2 = (-5)^2 = 25$$

이므로

$$\sqrt{5^2} = \sqrt{25}, \ \sqrt{(-5)^2} = \sqrt{25}$$

따라서 $\sqrt{5^2}, \sqrt{(-5)^2}$ 은 모두 25의 양수인 제곱근이다.

아래 그림에서 정사각형 ①, ②의 넓이가 각각 $2cm^2$, $3cm^2$일 때, 그 각각의 한 변의 길이는 2, 3의 양수인 제곱근이므로 $\sqrt{2}\,cm$, $\sqrt{3}\,cm$이다.

그런데 ①, ②는 정사각형이고, ②의 넓이가 ①의 넓이보다 더 넓다. 따라서 ②의 한 변의 길이가 ①의 한 변의 길이보다 더 길기 때문에 $\sqrt{2} < \sqrt{3}$이다.
이를 테면 $3^2 = 9$이고 $(\sqrt{8})^2 = 8$인데, $9 > 8$이므로 $3 > \sqrt{8}$이다.
두 수의 대소 비교에 있어서 특히 주의해야 할 점은 앞에 마이너스가 붙었을 경우이다. 즉, $-\sqrt{a}$와 $-\sqrt{b}$의 대소를 비교할 때, 먼저 $\sqrt{a}$와 $\sqrt{b}$의 대소 관계를 비교해야 한다. 그리고 양변에 (-1)을 곱하면 $\sqrt{a}$와 $\sqrt{b}$의 부호가 바뀌고

부등호의 방향도 바뀐다. 예를 들어, $a=9$, $b=25$에 대하여 $\sqrt{a}$와 $\sqrt{b}$를 먼저 구하면 $\sqrt{a}=\sqrt{9}=3$이고 $\sqrt{b}=\sqrt{25}=5$이다. 그런데 $3>5$이고, 양변에 (-1)을 곱하면 $-3>-5$이다. 따라서 $-\sqrt{a}>-\sqrt{b}$이다.

이제 민정이의 문제로 돌아가보자.

> 정사각형 ABCD의 넓이는 정사각형 PQRS의 넓이의 $\frac{1}{2}$이므로 $4\times\frac{1}{2}=2$이다. 따라서 접어서 만든 정사각형 ABCD의 한 변의 길이는 제곱하여 2가 되는 양수이다. 즉, $x^2=2$이므로 $x=\sqrt{2}$이다. 그러므로 넓이가 2인 정사각형의 한 변의 길이는 $\sqrt{2}$이다.

9-가
곱셈공식과
인수분해

나는 계산기

오늘 같은 화창한 일요일에 집에서 공부만 해야 한다는 것은 정말 고역이다. 하지만 지난번 시험 성적이 좋지 않았기 때문에 나는 당분간 집에서 공부만 해야 한다. 언제쯤 시험 걱정하지 않고 행복하게 놀 수 있을까?

그나마 다행인 것은 나의 아픔을 달래주기 위하여 나의 단짝 정민이가 나와 같이 공부하기로 했다는 것이다.

고마운 정민이. 나도 네가 어려울 때 도와줄게.

정민이와 나는 공부를 하다가 잠깐 쉬는 동안 세 자리수 곱하기 시합을 하기로 했다. 서로에게 세 자리수의 곱셈 문제를 10문제씩 내고 먼저 푸는 사람이 떡볶이를 사주기로 했다. 어려운 문제만 골라서 내야지...

그런데 이게 어찌된 영문인가?

내가 3문제째 풀고 있을 때 정민이는 모두 풀었다는 것이다. 물론 답을 맞춰보아도 모두 정답.

난 완전히 패했다. 아~ 떡볶이가 날아갔다.
정민이는 어떻게 그렇게 빨리 계산할 수 있었을까?

 201×199를 계산하여라.

 201×199를 세로 셈으로 바꾸면

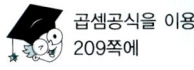
곱셈공식을 이용한 풀이는 209쪽에

```
      201
    ×199
    ─────
     1809
     1809
      201
    ─────
    39999
```

 다항식은 변수에 대한 덧셈과 곱셈에 의한 식의 표현이다. 다항식을 인수분해 하는 이유는 약수와 배수를 판정하고 최대공약수, 최소공배수를 구하고, 방정식의 근을 구하기 위해서이다. 다항식의 인수분해는 소인수분해와 마찬가지로 복잡한 다항식을 기약다항식을 이용하여 공부하는 것이다.
인수분해는 전개를 역으로 한 것으로 1개의 다항식으로부터 2개 이상의 다항식의 곱을 얻어내는 방법이다.

201=200+1이고 199=200−1이므로
201×199=(200+1)(200−1)
=40000−1=39999

아니, 그렇게 쉽게 구하다니……

205

다항식의 전개와 인수분해는 반대로 계산한다

다항식의 전개와 인수분해를 이용하면 앞에서 제시된 문제와 같은 복잡한 수의 계산을 쉽게 할 수 있다. 다항식의 여러 가지 곱셈공식에서 전개와 인수분해는 서로 역순이므로 다항식의 전개와 인수분해를 한꺼번에 설명할 것이다. 여기에서 그림을 이용하여 곱셈공식을 알아본다. 이와 같은 방법은 고대 그리스 수학에서 그 유래를 찾을 수 있다. 잘 알려진 것과 같이 그리스 수학은 기하학에서 시작되었는데, 기하학이 생활과 가장 밀접하기 때문이다. 그래서 그리스인들은 수량도 도형적으로 나타내었다.

'제곱'을 나타내는 'square'는 정사각형(square)의 넓이를 구하는 데서 나왔고,

'세제곱'을 나타내는 'cube'는 정육면체(cube)의 부피를 구하는 데서 나왔다고.

사실 기하학적인 성질이라고 말하면 어렵지만, 그림으로 나타내보면 쉽다. 기하학적인 성질은 그림으로 나타낼 수 있다는 것으로 이해해도 좋다. 우리는 이런 그림들을 **대수모형**이라고 한다.

먼저, $x+1$의 2배인 $2(x+1) = 2x+2$를 대수모형으로 어떻게 나타낼 수 있을까? 다음 그림이 그 해답이다.

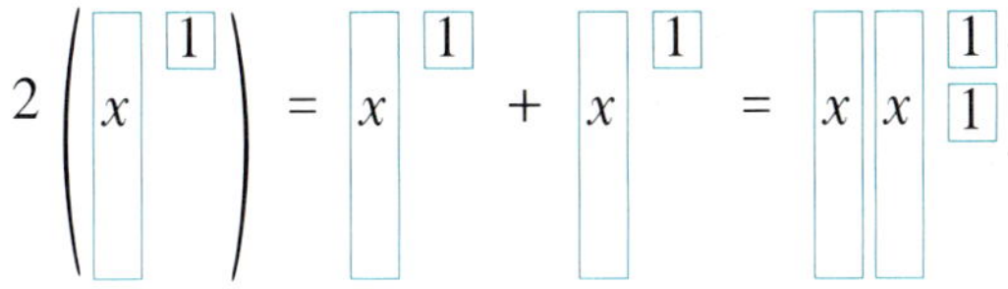

$$2\left(x\;\boxed{1}\right) = x\;\boxed{1} + x\;\boxed{1} = x\;x\;\boxed{\begin{array}{c}1\\1\end{array}}$$

또 $x(x-2)$를 전개하는 과정을 다음 그림과 같이 대수모형으로 나타낼 수도 있다.

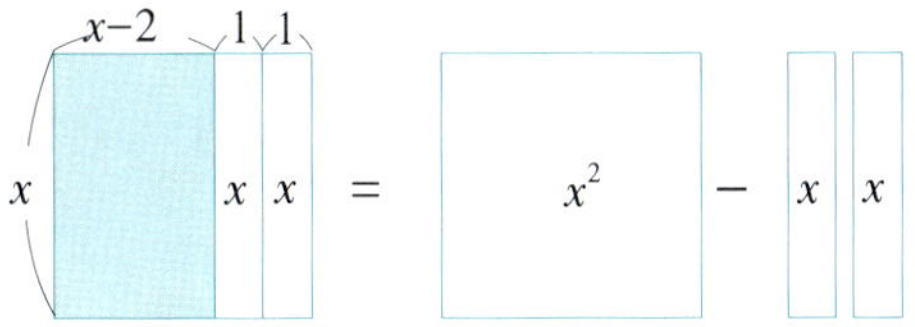

좀더 복잡한 형태인 $(x-2)(x-1)$을 대수 모형으로 나타내는 과정을 알아보자. $(x-2)(x-1)$은 한 변의 길이가 x인 정사각형의 넓이에서 한 변의 길이가 1이고 다른 한 변의 길이가 x인 직사각형의 넓이의 세 배를 뺀 것과 같다. 그런데 이때 두 번째 그림과 세 번째 그림을 비교하여 한 변의 길이가 1인 정사각형 두 개가 두 번 빠진다는 것을 알아야 한다. 따라서 두 번 빼낸 넓이가 1인 두 정사각형을 다시 두 번 더해주어야 하므로 $(x-2)(x-1) = x^2 - 3x + 2$가 된다.

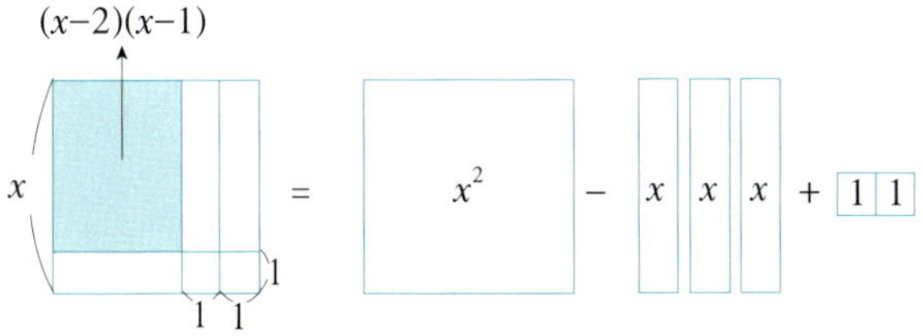

그러나 실제로 다항식을 전개할 때 위와 같은 대수 모형은 효과적이지 못하다. 따라서 그 원리를 이해했다면 학교에서 배운 것과 같이 분배법칙을 사용하는 것이 가장 편리하다. 분배법칙을 이용한 다항식의 전개를 자유자재로 구사할 수 있다면 그 역인 인수분해도 쉽게 이해할 수 있다. 그러나 곱셈공식과 인수분해 공식은 많이 이용되는 것이므로 구구단을 외우듯이 외우고 있는 편이 좋다. 몇 가지 공식을 그림을 이용하여 알아보자.

① $a(b+c) = ab + ac$

② $(a+b)(c+d) = ac + ad + bc + bd$

③ $(a+b)(c+d+e) = ac + ad + ae + bc + bd + be$

④ $(a+b)^2 = a^2 + 2ab + b^2$

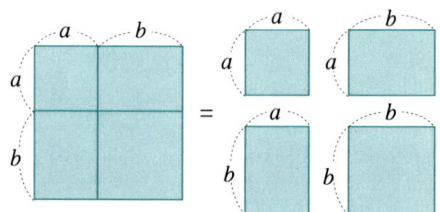

⑤ $(a-b)^2 = a^2 - 2ab + b^2$

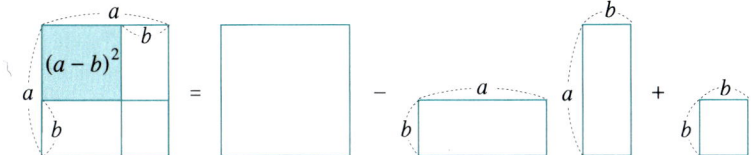

⑥ $(a+b)(a-b) = a^2 - b^2$

특히 곱셈공식과 인수분해 공식의 가장 일반적인 형태인

$$(ax+b)(cx+d) = acx^2 + (ad+bc)x + bd$$

도 그림을 이용하여 설명할 수 있다. 즉, 아래 그림과 같은 대수 모형을 그리면 전체 직사각형의 넓이는 $(ax+b)(cx+d)$ 이고, 이것은 4개의 직사각형 P, Q, R, S의 넓이의 합과 같다. 즉,

$$ax \times cx + ax \times d + b \times cx + b \times d$$
$$= acx^2 + adx + bcx + bd$$
$$= acx^2 + (ad+bc)x + bd$$

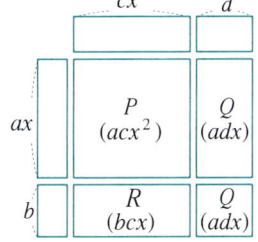

따라서 위의 공식을 얻을 수 있다.

이제 앞에서 주어진 문제로 돌아가서, 곱셈공식을 이용하여 쉽게 풀어보자.

201×199를 계산하기 위해서 곱셈공식 $(a+b)(a-b) = a^2 - b^2$ 을 사용해보자. 즉, $201 = 200+1$이고 $199 = 200-1$이므로 $a = 200$, $b = 1$로 생각하면 우리가 선택한 곱셈공식에 맞아 떨어진다. 따라서 $201 \times 199 = (200+1)(200-1) = 200^2 - 1^2 = 40000 - 1 = 39999$와 같이 쉽게 구할 수 있다.

9-가
이차방정식

아빠의 생신 선물

내일은 아빠의 생신이다.

나와 정범이는 그동안 모아둔 돼지 저금통을 털었다. 그랬더니 제법 많은 돈이 들어 있었다.

자, 이 돈으로 무슨 선물을 해드리면 기뻐하실까? 그래서 나는 넌지시 엄마께 여쭤보았다.

"엄마, 요즘 아빠께서 가장 필요하신 게 뭘까요?"

"음. 아무래도 셔츠를 하나 사드려야 할 것 같구나."

드디어 나와 정범이의 깜짝 선물이 결정되었다.

백화점에는 마침 내 마음에 꼭 드는 예쁜 셔츠가 있어서 얼른 사가지고 집에 왔다. 그런데 그만 포장하는 것을 잊었다. 아~ 덤벙대는 민정!

할 수 없이 우리는 예쁜 상자를 만들기로 했다.

그래서 가로의 길이가 세로의 길이보다 5cm 더 긴 직사각형 모양의 도화지를 찾아 이 도화지의 네 귀퉁이에서 한 변의 길이가 4cm인 정사각형을 잘라내고, 나머지를 접어서 직육면체 모양의 상자를 만들었더니 부피가 3000cm³가 되었다. 이제 포장 완료!

기뻐하실 아빠의 얼굴이 떠오른다.

앗! 뚜껑을 만들지 않았네. 정말 못 말리는 민정이.

 민정이가 상자를 만든 도화지의 세로의 길이를 구하여라.

 도화지의 세로의 길이를 $x$cm라 하면 가로의 길이는 $(x+5)$cm이 므로 네 귀퉁이를 잘라내서 만든 상자의 밑면의 세로의 길이, 가 로의 길이는 각각 $(x-8)$cm, $(x-3)$cm이다. 이때, 상자의 높이는 4cm이고, 부피는 3000cm³이므로

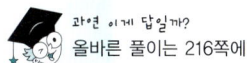

$$4(x-3)(x-8) = 3000$$
$$(x-3)(x-8) = 750$$
$$x^2 - 11x + 24 - 750 = 0$$
$$x^2 - 11x - 726 = 0$$

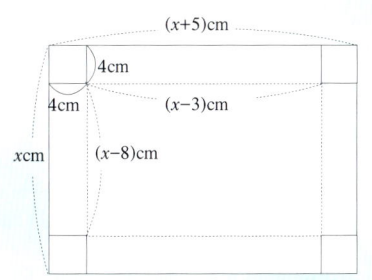

이 식을 인수분해하면

$$(x+33)(x-22)=0 \quad \therefore x = 22 \ (\because x > 0)$$

따라서, 도화지의 세로의 길이는 22cm이다.

 이차방정식 $x^2 - 11x - 726 = 0$의 좌변을 인수분해할 때, 부호를 바꾸어 계산하 였다. 아주 사소한 것이지만 많은 학생들이 이런 실수를 많이 한다. 다항식의 전 개와 인수분해는 반드시 정확하게 알고 있어야 한다. 특히, 이차방정식의 풀이에 서는 근의 공식을 기억하고 있어야 한다.

이미 일학년 때 일차방정식에 대하여 공부했는데, 그때 일차방정식에서 일차라고 하는 것은 이차 이상의 방정식을 미리 예상하고 사용한 것이었다. 방정식이 중학교 수학의 내용 중에서 중요한 부분이므로 이차방정식을 잘 이해해야 한다.

어떤 식을 이항하여 정리한 방정식이 (x에 관한 이차식)=0의 꼴로 변형되는 방정식을 x에 관한 이차방정식이라고 한다. 일반적으로 x에 관한 이차방정식은

$$ax^2 + bx + c = 0 \ (a \neq 0, \ a, \ b, \ c \text{는 상수})$$

와 같은 꼴로 나타낼 수 있다. 그러나 어떤 방정식에서 미지수의 차수가 2차로 표시되어 있다고 해서 무턱대고 이차방정식이라고 해서는 안 된다.

$(x+1)^2 = x^2$은 이차방정식일까?

좌변을 전개하면 $x^2 + 2x + 1 = x^2$이고 양변에서 x^2을 빼면 $2x + 1 = 0$이 되지. 따라서 이차방정식이 아니지.

일반적으로 이차방정식 $ax^2 + bx + c = 0 \ (a \neq 0)$을 참이 되게 하는 x의 값을 그 이차방정식의 해 또는 근이라 하고, 이차방정식의 근을 구하는 것을 이차방정식을 푼다고 한다. 예를 들어 $x^2 - 3x + 2 = 0$을 만족하는 x를 구하기 위

하여 좌변을 인수분해하면 $(x-1)(x-2) = 0$ 이 된다. 따라서 주어진 이차방정식의 해는 $x = 1$ 또는 $x = 2$ 이다. 이차방정식의 근을 말할 때, '그리고' 와 '또는' 을 같이 사용하면 안 된다. $x^2 - 3x + 2 = 0$ 의 근의 경우, $x = 1$ 또는 $x = 2$ 라고 해야 한다. 왜냐하면 $x = 1$ 도 주어진 이차방정식을 만족하고 $x = 2$ 도 만족하지만, x 는 1과 2가 동시에 될 수 없기 때문이다.

이차방정식의 풀이에는 인수분해를 이용한 방법, 제곱근을 이용한 방법, 완전제곱식을 이용한 방법 그리고 근의 공식에 의한 방법 등이 있다.

- **인수분해 이용** : $x^2 - 3x - 10 = 0$ 과 같은 방정식의 좌변을 인수분해하면 $(x-5)(x+2) = 0$ 이므로 근은 $x = 5$ 또는 $x = -2$ 이다. 즉,

$$x^2 - 3x - 10 = 0$$
$$(x-5)(x+2) = 0$$
$$x = 5 \text{ 또는 } x = -2$$

- **제곱근 이용** : 이차방정식 $2x^2 - 9 = 0$ 를 풀어보자. 이 방정식은 얼핏 보기에 인수분해가 잘 되지 않을 것 같으므로 상수항을 우변으로 이항하면 $2x^2 = 9$ 이고 x^2 의 계수 2로 양변을 나누면 $x^2 = \frac{9}{2}$ 이다. 따라서 제곱해서 $\frac{9}{2}$ 가 되는 수는 $x = \pm\sqrt{\frac{9}{2}} = \pm\frac{3}{\sqrt{2}}$ 이다. 이 방법을 응용한 것이 완전제곱식을 이용하는 방법이다.

$$2x^2 - 9 = 0$$
$$2x^2 = 9$$
$$x^2 = \frac{9}{2}$$
$$x = \pm\frac{3}{\sqrt{2}}$$

- **완전제곱식 이용** : 이차방정식 $x^2 + 6x + 2 = 0$ 을 풀어보자. 우선 상수항을 우변으로 이항하면 $x^2 + 6x = -2$ 이다. 좌변을 완전제곱식으로 변형하기 위하여 양변에 9를 더해주면 $x^2 + 6x + 9 = -2 + 9 = 7$, 즉 $(x+3)^2 = 7$.

따라서 $x+3=\pm\sqrt{7}$ 이므로 주어진 이차방정식의 근은 $x=-3\pm\sqrt{7}$ 이다.

$$x^2+6x+2=0$$
$$x^2+6x=-2$$
$$x^2+6x+9=7$$
$$(x+3)^2=7$$
$$x+3=\pm\sqrt{7}$$
$$x=-3\pm\sqrt{7}$$

인수분해에서 배운 이차식을 완전제곱식이 되도록 하려면 일차항의 계수의 $\frac{1}{2}$ 을 제곱하여 더해야 한다.

어떤 이차식이 완전제곱식이려면 $x^2\pm ax+\square$ 에서 $\square=\left(\pm\frac{a}{2}\right)^2$ 이 되어야 한다고.

아하, 그렇구나!

이차방정식 $ax^2+bx+c=0$ 을 완전제곱식으로 고치는 과정에서 근의 공식

$$x=\frac{-b\pm\sqrt{b^2-4ac}}{2a}$$

을 얻을 수 있다. 이차방정식의 근의 공식을 유도하는 과정은 여기서는 언급하지 않겠다. 근의 공식을 이용하지 않고 이차방정식을 풀 때는 매우 번거롭지만 근의 공식을 이용하면 아주 간단하다.

예를 들어 이차방정식 $3x^2+6x+1=0$ 의 근을 근의 공식을 이용하지 않고 구하려면, 먼저 인수분해가 되는지를 알아보아야 한다. 물론 근이 있는 모든 이차방정식은 인수분해가 되지만 그것을 찾는다는 것은 매우 까다로운 일이다.

이 방정식의 경우에도 우리가 일반적으로 생각하는 수의 범위에서는 인수분해하기가 어렵다. 그래서 이제 주어진 이차방정식을 완전제곱식으로 바꾸는 것을 시도해야 한다. 그러나 이것도 쉽지 않다. 하지만 근의 공식을 알고 있다면, 이차방정식의 근은

$$x = \frac{-3 \pm \sqrt{6}}{3} = -1 \pm \frac{\sqrt{6}}{3}$$

임을 쉽게 알 수 있다. 얼마나 편리한가? 이처럼 이차방정식의 근의 공식을 서양에서는 '자정(子正)공식'이라고도 하는데, 잘 때 근의 공식을 물으면 꿈에서도 대답할 수 있을 정도로 암기하고 있어야 하기 때문이라고 한다. 모든 이차방정식은 근의 공식을 이용하여 해를 구할 수 있으므로 반드시 기억해야 한다.

지금까지 이차방정식과 근에 대하여 알아보았다. 이제 이차방정식을 활용하는 문제를 생각해보자. 그러나 이것도 이미 일차방정식에서 다룬 것과 마찬가지 방법으로 해결한다.

일차방정식과는 달리 이차방정식의 활용 문제에서는 구한 해가 항상 모두 다답이 되는 것은 아니므로 ④에서 말한 것과 같이 알맞은 답을 찾아야 한다.

이런 방법으로 앞에서 주어진 문제를 올바르게 풀면 다음과 같다.

풀이1 도화지의 세로의 길이를 $x$cm라 하면 가로의 길이는 $(x+5)$cm이므로 네 귀퉁이를 잘라 내서 만든 상자의 밑면의 세로의 길이, 가로의 길이는 각각 $(x-8)$cm와 $(x-3)$cm이다.

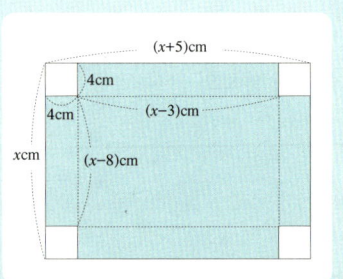

$$(부피) = (밑넓이) \times (높이)$$

이때, 상자의 높이는 4cm이고, 부피는 3000cm³이므로

$4(x-3)(x-8) = 3000$

$(x-3)(x-8) = 750$

$x^2 - 11x + 24 - 750 = 0$

$x^2 - 11x - 726 = 0$

$(x-33)(x+22) = 0$

$\therefore x = 33 \ (\because x > 0)$

따라서, 도화지의 세로의 길이는 33cm이다.

풀이2 $x^2 - 11x - 726 = 0$ 을 근의 공식을 이용하여 풀면

$$x = \frac{11 \pm \sqrt{121 + 2904}}{2} = \frac{11 \pm 55}{2}$$

$$\therefore x = 33 \ 또는 \ -22$$

그런데 $x > 0$이므로 도화지의 세로의 길이는 33cm이다.

쉬어가기

피타고라스는 음악을 단순히 오락의 한 형태로 생각해서는 안 된다고 가르쳤다. 그의 주장에 따르면 음악은 혼돈과 불화를 잘 정리하는 신성한 원리이며 조화이다. 그래서 피타고라스의 제자들에게 음악은 두 가지의 가치가 있다. 한 가지는 수학과 마찬가지로 사람들에게 자연의 구조를 볼 수 있게 해주는 것이다. 다른 하나는 적절하게 이용한다면 몸과 마음을 깨끗하게 정화시켜 맑은 영혼을 가질 수 있게 해준다는 것이다.

피타고라스는 음악을 이용하여 그의 제자들이 슬프거나, 화를 내거나, 의기소침해지거나, 질투할 때 그들의 감정을 조절할 수 있었다. 그는 또한 여덟 개의 줄로 이루어진 리라와 비슷한 악기를 만들기도 했다.

피타고라스의 제자들은 매일 잠자리에 들기 전 하루의 피로와 심적 갈등으로부터 자유로워질 수 있도록 하기 위하여 피타고라스가 직접 작곡한 음악을 들었다. 가끔은 요즘의 음악과 같은 노래를 만들어 그의 제자들이 충분히 자고 즐겁고 의미 있는 꿈을 꿀 수 있게 해주었다. 아침이 되면 하루를 준비하기 위하여 준비된 조용하고 맑은 음악으로 제자들을 깨웠다.

피타고라스가 음악으로 다른 사람에게 어떻게 영향을 주었는지 많은 이야기가 전해지고 있다.

어느 날 하늘을 관찰하며 크로톤의 여기저기를 걷고 있는 동안 멀리 다른 고장에서 온 젊은이를 우연히 만났다. 피타고라스는 그를 처음 보자마자 표현은 하지 않고 있지만 그가 매우 화가 나 있다는 것을 알았다. 결국 그 날 밤에 술과 음악에 취해 흥분한 그 젊은이는 그의 연인이 다른 남자의 집으로 가는 것을 보고 연인의 집에 불을 지르려고 했다. 그를 계속해서 지켜보던 피타고라스는 그 남자 앞에 플롯 연주가를 데리고 와서 피타고라스 자신이 만든 음악을 연주하게 했다. 그러자 그 젊은이는 즉시 화를 가라앉히고 조용히 집으로 돌아갔다.

피타고라스는 인간의 심성을 자극할 수 있는 음악이 어떻게 이루어져 있는지 수학적으로 설명하고 싶었다. 어느 날 피타고라스가 우연히 대장간을 지나가고 있을 때 그곳에서 들려오는 모루 위의 달구어진 쇠를 두드리는 대장장이의 망치소리에 귀를 기울였다. 한참을 대장간 앞에서 망치소리를 듣던 피타고라스는 망치가 만드는 소리가 모두 다르다는 것을 알았다. 또한 한 경우만 제외하고는 그 음들이 전체적으로 조화롭다는 것을 알았다. 그 협화음은 한 옥타브의 네 번째와 다섯 번째 것이었고, 반면 불협화음은 네 번째와 다섯 번째 사이에 있는 온 음정이었다.

그는 대장간으로 들어가서 그 작업을 주의 깊게 관찰하였고, 결국 음색의 차이는 망치의 무게에 따라 다르다는 것을 발견했다.

망치의 무게의 비가 1:2인 6파운드와 12파운드의 망치는 한 옥타브를 만든다는 것을 알아냈다. 또 비가 2:3인 8파운드와 12파운드의 망치는 5도 음정을, 3:4인 9파운드와 12파운드의 망치는 4도 음정을 만든다는 것을 알았다. 그는 또한 이것들이 수 1, 2, 3, 4로 된 세 개의 구간의 비율로 이루어진다는 것을 알아냈다. 이런 관찰로부터 피타고라스는 정수의 비율을 이용하여 음을 나타낼 수 있게 되었다. 그는 망치의 무게에서 발견한 수들의 조화에서 출발하여 현재 사용되는 도, 레, 미, 파, 솔, 라, 시, 도의 여덟 음계를 만들었는데, 이것은 현재 '피타고라스의 여덟 줄 리라' 로 알려져 있다. 나중에 그는 반음계와 반음 이하의 음정까지 포함한 다른 음악적 음계의 구조를 복잡한 음정을 만드는데 간단한 비율을 이용하여 계산했다.

궁극적으로 피타고라스는 그가 발견했던 우주의 모든 기본적인 원리를 음악과 수학의 언어로 바꾸어놓으려고 했고, 이런 발견은 그의 기본적인 원리인 '만물의 근원은 수' 라는 주장을 튼튼하게 뒤받침해 주었다.

돌고래 쇼!

9-가
이차함수

창문을 여는 순간 눈부신 햇살이 나를 안아주었다. 일요일 아침이지만 서둘러야 한다. 오늘은 정민이와 오랜만에 대공원에 놀러가기로 했다. 공원에 도착한 우리는 소풍 나온 가족들 사이를 재잘거리며 걸어갔다. 이곳저곳을 돌아다니며 사진도 찍고 아이스크림도 사먹다보니 어느덧 점심 때가 되었다.

점심을 먹고 우리는 돌고래 쇼를 관람하기로 했다. 시간에 맞추어 공연장으로 갔는데, 이미 많은 사람들이 줄을 서서 기다리고 있었다.

드디어 쇼가 시작되었다. 여러 가지 재주를 보여주었지만 가장 재미있는 것은 돌고래가 물을 박차고 하늘로 솟구치는 것이었다. 그 시원한 느낌이 정말 좋았다. 그런데 가만히 살펴보니 돌고래가 하늘로 박차고 올랐다 떨어지는 곡선은 우리가 수학시간에 배운 이차함수의 그래프와 같았다. 돌고래 쇼에서 이차함수의 영감을 떠올리다니…, 역시 나는 수학영재인가보다. 그래프 모양처럼 올랐다 떨어지는 돌고래는 과연 최대 몇 m까지 올라갈 수 있을까?

돌고래가 수면 위로 떠오르기 시작하여 x초 후의 높이 ym 사이에는 $y = -\dfrac{8}{5}x^2 + 4x$와 같은 관계식이 성립할 때, 돌고래는 최대 몇 m까지 올라갈 수 있을까?

$$y = -\dfrac{8}{5}x^2 + 4x$$
$$= -\dfrac{8}{5}(x^2 - 4x)$$
$$= -\dfrac{8}{5}(x^2 - 4x + 4 - 4)$$
$$= -\dfrac{8}{5}(x-2)^2 + 4$$

따라서, $x = 2$(초)일 때, 물개는 수면으로부터 최대 4m까지 올라갈 수 있다.

민정이는 $-\dfrac{8}{5}x^2 + 4x = -\dfrac{8}{5}\left(x^2 - \dfrac{5}{2}x\right)$인데 이것을 $-\dfrac{8}{5}x^2 + 4x = -\dfrac{8}{5}(x^2 - 4x)$로 잘못 계산했다. 이차함수의 최댓값과 최솟값을 구하기 위해서는 완전제곱식으로 바꿀 수 있어야 한다. 그러므로 다항식의 곱셈공식을 잘 숙지하고 있어야 한다.

221

이차함수의 최댓값과 최솟값 구하기

수학에서 많이 다루는 곡선으로는 원, 타원, 포물선, 쌍곡선이 있다. 그런데 이 도형들은 모두 대칭적이고 아름다우며, 자연계의 여러 현상에서 매우 빈번히 나타난다. 이 곡선들을 통틀어 원뿔곡선이라고 하는데, 원뿔을 잘랐을 때 그 자르는 방법에 따라서 앞서 말한 네 가지 곡선이 단면으로 나타나기 때문이다. 즉, 원뿔을 수평으로 자르면 원이 나오고 조금 비스듬히 자르면 타원이 나오며 모선에 평행한 평면으로 자르면 포물선이 나온다. 또, 더 경사지게 자르면 쌍곡선이 나오는데, 이런 이름들은 고대의 수학자 아폴로니우스가 붙인 것으로 알려져 있다.

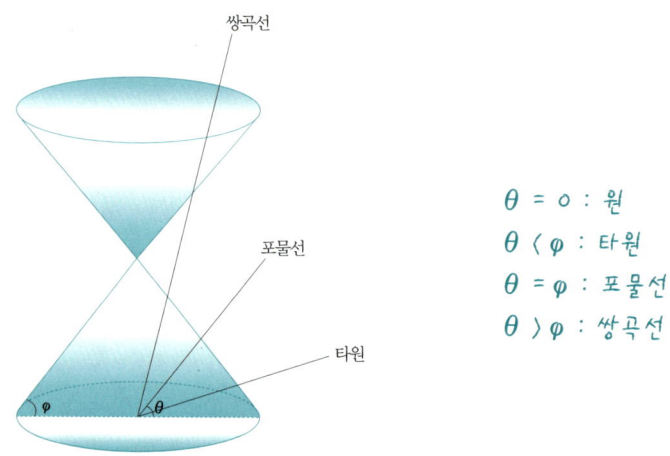

이차함수 $y = ax^2$의 그래프를 포물선이라고 하는 것은 그 그래프의 모양이 공과 같은 물체를 비스듬히 던졌을 때 물체가 움직인 자취와 같은 모양을 하고 있기 때문이다.

일반적으로 일차함수 $y = ax$와 이차함수 $y = ax^2 + bx + c$를 비교하면, 일차함수의 그래프는 직선으로 나타나고 이차함수의 그래프는 포물선으로 나타난다는 것이다. 또한 일차함수는 기울기가 일정하기 때문에 증가하는지 또는 감소하는지만 알면 되지만, 이차함수는 증가하기도 하고 감소하기도 하며 최대값 또는 최소값을 갖는다.

이차함수의 그래프를 그릴 수 있으면 최대값 또는 최소값을 구하는 것이 한결 쉬워진다. 몇 가지 예를 통하여 이런 사실을 확인해보자.

네 개의 이차함수 $y = x^2$, $y = 3x^2$, $y = \frac{1}{2}x^2$, $y = -x^2$ 을 예로 들어보자. 이 네 이차함수의 대응표를 만들면 다음과 같다.

x	…	-3	-2	-1	0	1	2	3	…
x^2	…	9	4	1	0	1	4	9	…
$3x^2$	…	27	12	3	0	3	12	27	…
$\frac{1}{2}x^2$	…	$\frac{9}{2}$	2	$\frac{1}{2}$	0	$\frac{1}{2}$	2	$\frac{9}{2}$	…
$-x^2$	…	-9	-4	-1	0	-1	-4	-9	…

위의 표에서 x의 같은 값에 대한 함수값을 $y = x^2$와 비교하면 $y = 3x^2$의 함수값은 3배와 같고, $y = \frac{1}{2}x^2$의 함수값은 $\frac{1}{2}$배이고 $y = -x^2$은 y의 부호가 반대인 것을 알 수 있다. 따라서 함수 $y = x^2$의 그래프 위의 각 점의 x 좌표에 대하여 그 y 좌표를 3배, $\frac{1}{2}$배, 그리고 -1배가 되는 점을 각각 잡으면 $y = 3x^2$, $y = \frac{1}{2}x^2$, $y = -x^2$의 그래프가 된다.

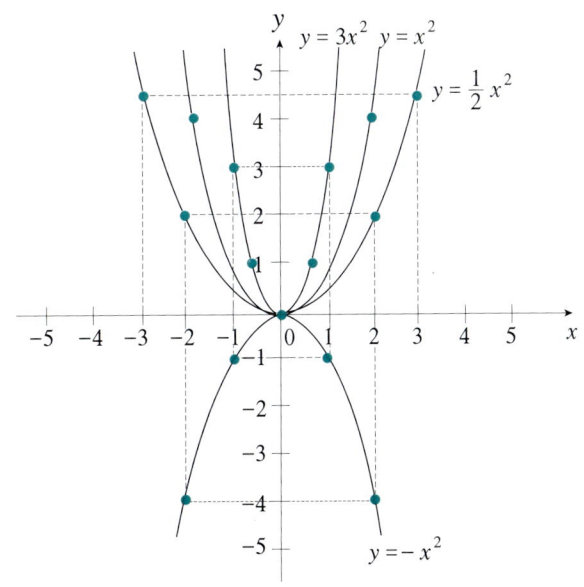

그러므로 $y = 3x^2$과 $y = \frac{1}{2}x^2$의 그래프는 원점을 지나고 아래로 볼록하며 y축에 대하여 대칭임을 알 수 있다. 그런데 $y = 3x^2$의 그래프는 $y = x^2$의 그래프보다 그래프의 폭이 좁고, $y = \frac{1}{2}x^2$의 그래프는 $y = x^2$의 그래프보다 폭이 넓다는 것을 알 수 있다. 또한 $y = -x^2$의 그래프는 $y = x^2$의 그래프와 x축에 대하여 대칭임을 쉽게 알 수 있다. 또한 $y = x^2$, $y = 3x^2$, $y = \frac{1}{2}x^2$의 경우에는 그래프에서 가장 작은 값을 찾을 수 있지만 가장 큰 값은 구할 수 없으며, $y = -x^2$의 경우에는 가장 큰 값은 구할 수 있지만 가장 작은 값은 구할 수 없다는 것을 알 수 있다. 이런 사실로부터 이차함수 $y = ax^2$의 그래프는 다음과 같은 성질을 갖는다는 것을 알 수 있다.

① 원점을 꼭지점으로 하고, y축을 축으로 하는 포물선이다.
② $a > 0$일 때 아래로 볼록하고 최소값을 갖고, $a < 0$일 때 위로 볼록하고 최대값을 갖는다.
③ a의 절대값이 클수록 그래프의 폭이 더 좁아진다.
④ $y = -ax^2$의 그래프와 x축에 대하여 대칭이다.

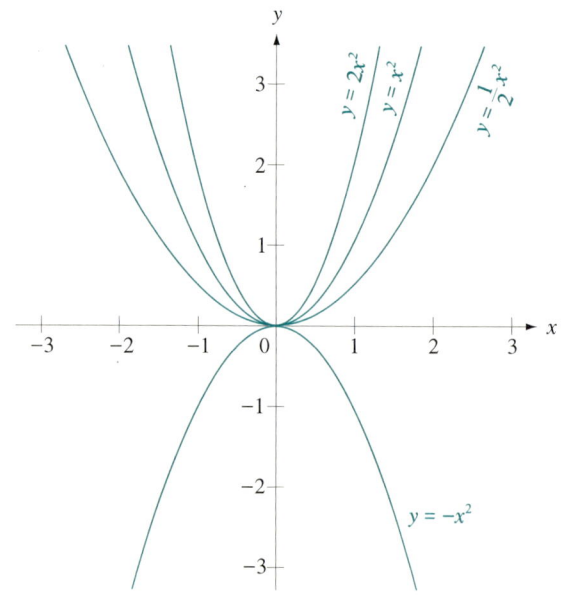

사실 이차함수 $y = ax^2$의 그래프만 그릴 줄 안다면 일반 형태인 $y = ax^2 + bx + c$의 그래프도 쉽게 그릴 수 있다. 왜냐하면 $y = ax^2 + bx + c$를 $y = a(x-p)^2 + q$의 꼴로 바꿀 수 있는데, $y = a(x-p)^2 + q$의 그래프는 $y = ax^2$의 그래프를 x축 방향으로 p만큼 y축 방향으로 q만큼 평행이동한 것이기 때문이다.

이차함수 $y = a(x-p)^2 + q$의 그래프는 $y = ax^2$의 그래프를 적당히 평행이동한 것임을 알았으므로 일반적인 이차함수 $y = ax^2 + bx + c$를 $y = a(x-p)^2 + q$의 꼴로 바꾸는 방법만 알면 된다. 그렇게 하려면 이차식을 완전제곱식으로 고치는 것을 연습해야 한다.

예를 들어 이차함수 $y = 2x^2 + 4x + 5$를 완전제곱식으로 바꿔보자. 먼저 최고차항인 x^2의 계수가 2이므로 전체 식을 2로 묶는다. 이때 상수항이 분수로 나타나므로 우선 정수로 나누어서 쓴다. 그러면 $2x^2 + 4x + 5 = 2(x^2 + 2x + 2) + 1$과 같이 된다. 이제 괄호 안을 완전제곱식으로 고치려면 $x^2 + 2x + 1 = (x+1)^2$임을 알아야 한다. 따라서 인수분해에 대한 충분한 연습이 필요하다. $x^2 + 2x + 1 = (x+1)^2$와 같이 바꾸면

$$2(x^2 + 2x + 2) + 1 = 2(x^2 + 2x + 1 + 1) + 1 = 2(x^2 + 2x + 1) + 3$$
$$= 2(x+1)^2 + 3$$

과 같다. 따라서 $y = 2x^2 + 4x + 5 = 2(x+1)^2 + 3$과 같이 변형되므로, 이 함수의 그래프는 $y = 2x^2$의 그래프를 x축 방향으로 -1만큼 y축 방향으로 3만큼 평행이동 한 것이다. 또한 $y = 2x^2$가 최솟값을 갖기 때문에 $y = 2(x+1)^2 + 3$도 최솟값 3을 갖는다.

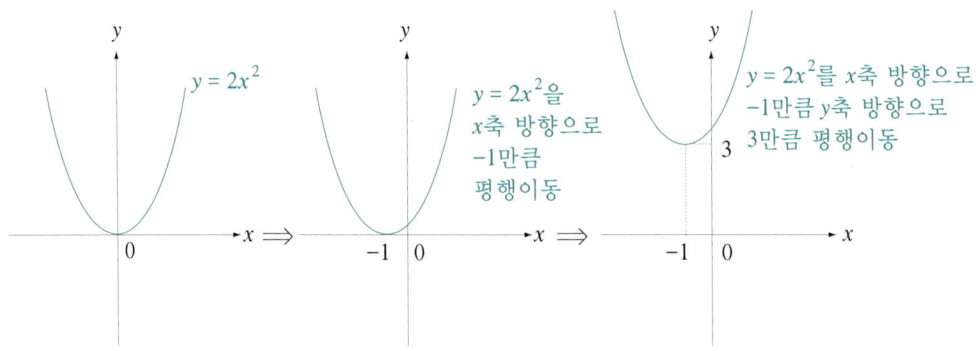

이차함수의 활용 문제는 최댓값 또는 최솟값을 구하는 것이 대부분이다. 이를 잘 정리하면 다음과 같다.

● 이차함수의 최댓값

$y = ax^2 + bx + c = a(x-p)^2 + q$에서 $a < 0$일 때, $x = p$에서 최댓값 q를 갖고, 최솟값은 없다.

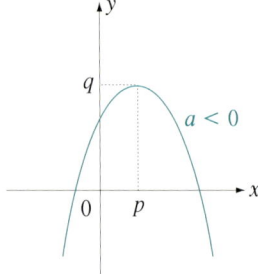

● 이차함수의 최솟값

$y = ax^2 + bx + c = a(x-p)^2 + q$에서 $a > 0$일 때, $x = p$에서 최솟값 q를 갖고, 최댓값은 없다.

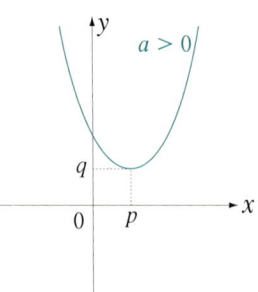

일차함수의 활용 문제를 풀 때와 마찬가지로 이차함수의 활용 문제를 풀 때에도 다음 순서에 따라 푼다.

① 문제 이해 : 문장으로 제시된 문제를 잘 읽고 변수 사이의 관계를 분명히 파악한다.

② 식 세우기 : 조건에 따라 두 변수 x, y를 정하고, x와 y 사이의 관계식을 세운다.

③ 식 풀기 : 식을 풀고, 그래프 등을 이용하여 답을 구한다.

④ 검산 : 구한 값이 문제의 조건에 맞는지 확인한다.

이와 같은 차례로 앞에서 주어진 문제를 올바르게 풀면 다음과 같다.

최댓값을 구하기 위해 주어진 식을 변형하면

$$y = -\frac{8}{5}x^2 + 4x$$
$$= -\frac{8}{5}\left(x^2 - \frac{5}{2}x\right)$$
$$= -\frac{8}{5}\left(x^2 - \frac{5}{2}x + \frac{25}{16} - \frac{25}{16}\right)$$
$$= -\frac{8}{5}\left(x - \frac{5}{4}\right)^2 + \frac{5}{2}$$

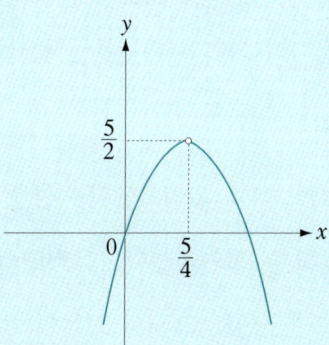

따라서 $x = \frac{5}{4}$(초)일 때, 돌고래는 수면으로부터 최대 $\frac{5}{2}$ m까지 올라갈 수 있다.

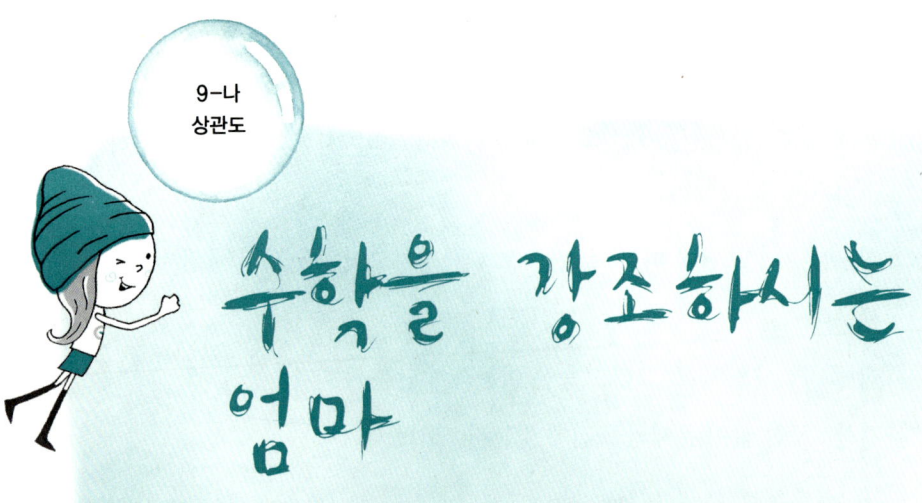

수학을 강조하시는 엄마

9-나
상관도

어제 2학기 들어 처음 치르는 시험이 끝났다. 정민이는 시험 성적이 좋지 않을 것 같다고 걱정이 태산이다. 하지만 정민이는 걱정을 많이 하는데 성적은 늘 좋다.

얄미운 친구 같으니라구!

나도 우리 엄마가 강조하시는 중요 과목인 영어와 수학 성적이 어떻게 나올지가 무척 궁금했다.

오늘 종례시간에 선생님께서 영어와 수학의 대략적인 점수를 알려주신다고 하셨다.

드디어 종례시간.

문이 열리고 선생님께서 들어오셨다. 선생님께서는 영어와 수학 성적을 적은 다음 표를 보여주셨다. 그러면서 나는 두 과목의 평균이 90점 이상이라고 하셨다. 그래서 기분이 좋았다.

그런데 두 과목의 평균이 90점 이상인 친구들은 모두 몇 명일까?

영어\수학	60	70	80	90	100	합계
100				2	3	5
90			3	6		9
80		2	7	5	1	15
70		3	6			9
60	2					2
합계	2	5	16	13	4	40

 위의 상관표로부터 두 과목의 평균이 90점 이상인 학생 수를 구하여라.

 모두 90점 이상인 학생은 위의 표에서 색칠한 부분에 해당하므로 2+3+6=11(명)이다.

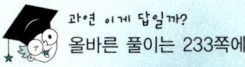
올바른 풀이는 233쪽에

 평균이 90 이상이 되려면 두 시험 점수의 합계가 180점 이상이면 된다. 따라서 100+100, 90+100, 90+90, 100+80의 경우를 모두 조사해야 한다. 상관표 한 칸의 숫자는 그 범위에 포함되는 자료의 개수를 나타내므로 상관표로 상관관계의 경향을 알아볼 수 있으며 또한 상관표는 두 자료의 도수분포표이므로 여러 가지 수의 값을 읽을 수 있고 계산할 수 있다.

양의 상관관계와 음의 상관관계

두 변량 x, y 사이의 관계를 알아보기 위하여 이들을 순서쌍으로 하는 점 (x, y)를 좌표평면 위에 나타낸 그래프를 상관도라고 한다.

예를 들어 키와 앉은키에 대한 상관도에서 키 165cm, 앉은키 85cm인 사람은 아래 그림의 점 P(165, 85)로 나타난다. 이러한 그림을 키와 앉은키에 대한 상관도라고 한다. 아래 상관도에서 점들은 어느 정도 흩어져 있기는 하지만 대체로 오른쪽으로 올라가는 한 직선의 주위에 가까이 분포되어 있다. 이것은 대체로 키가 클수록 앉은키도 크다는 것을 보여준다.

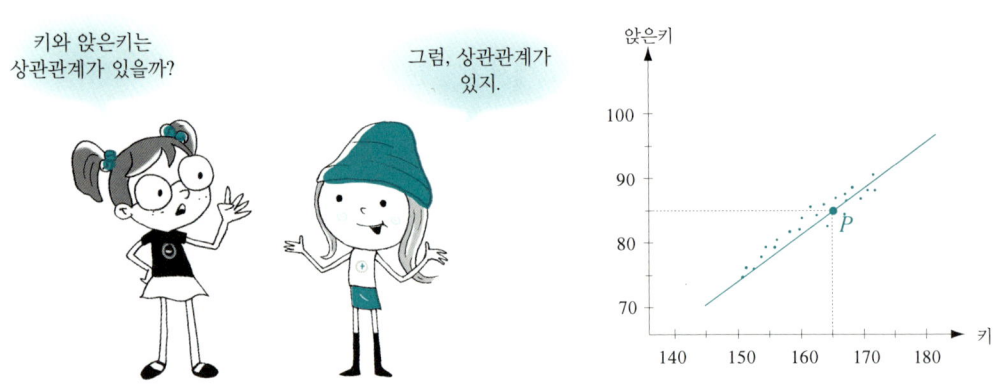

따라서 키 x와 앉은 키 y 사이에는 어떤 관계가 있음을 알 수 있다. 이러한 관계를 상관관계라고 한다.

상관관계가 있는 두 변량 x, y에 대하여 x의 값이 커짐에 따라 y의 값도 대체로 커지는 관계가 있을 때, 이들 x와 y 사이에는 양의 상관관계가 있다고 한다. 양의 상관관계에는 인구와 교통량, 키와 몸무게 등이 있다.

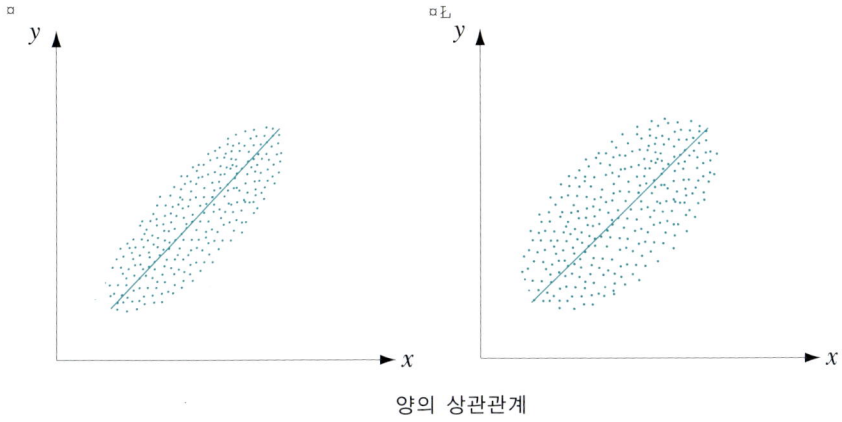

양의 상관관계

이와 반대로 x의 값이 커짐에 따라 y의 값이 대체로 작아지는 관계가 있으면, 이들 x와 y 사이에는 음의 상관관계가 있다고 한다. 예를 들면, 하루 중 밤과 낮의 길이, 산의 높이와 기온 등이 음의 상관관계에 있다.

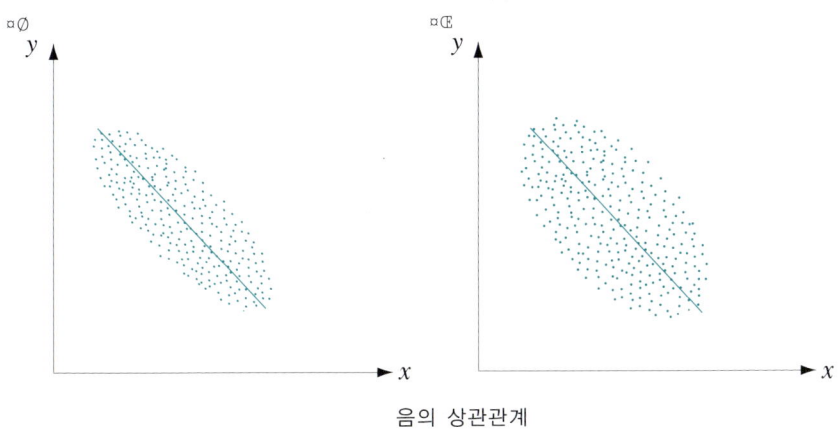

음의 상관관계

양의 상관관계와 음의 상관관계에 있어서 점들이 한 직선 주위에 가까이 모여 있으면 흩어져 있을 때보다 강한 상관관계가 있다고 한다. 즉, 위의 두 그림에서 ①과 ③은 강한 상관관계가 있고, ②와 ④는 약한 상관관계가 있다.

x의 값이 커짐에 따라 y의 값이 커지는지 작아지는지 분명하지 않은 경우 이들 변수는 상관관계가 없다고 한다. 이를테면, 키와 지능지수, 성적과 몸무게 등은 상관관계가 없다.

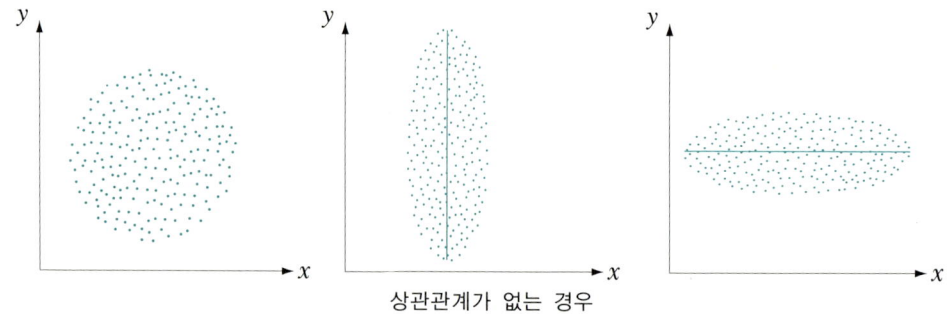

상관관계가 없는 경우

앞에서 우리는 영어와 수학 성적을 적은 표를 보았는데, 이 표와 같이 두 변량의 도수분포표를 함께 나타낸 표를 **상관표**라고 한다. 상관표도 상관도와 마찬가지로 오른쪽 위로 향하는 분포이면 양의 상관관계, 오른쪽 아래로 향하는 분포이면 음의 상관관계가 있다.

상관표를 만드는 방법은 다음과 같다.

① 두 변량의 계급의 크기를 정한다.
② 가로: 왼쪽에서 오른쪽으로 「작은 값→큰 값」
   세로: 아래쪽에서 위쪽으로 「작은 값→큰 값」이 되게 구간을 잡는다.
③ 가로와 세로의 각각의 계급에 속하는 도수를 써넣는다.

상관표 한 칸의 숫자는 그 범위에 포함되는 자료의 개수를 나타내므로 상관표로 상관관계의 경향을 알아볼 수 있으며, 또한 상관표는 두 자료의 도수분포표이므로 여러 가지 수의 값을 읽을 수 있고 계산할 수 있다.

사실 상관표는 상관도를 잘 이해하기 위한 한 가지 방법이다. 두 변량의 자료에서 같은 값을 갖는 것이 둘 이상인 경우, 상관도에서는 두 점이 일치하게 되어 시각적으로 구별할 수 없어 상관관계가 잘못 판단될 수 있으므로, 이를 보완하기 위하여 상관표를 작성하는 것이 필요하다. 예를 들어, 다음 그림에서도 상관도가 상관표에 비해 정확한 값을 나타내지 못하고 있다.

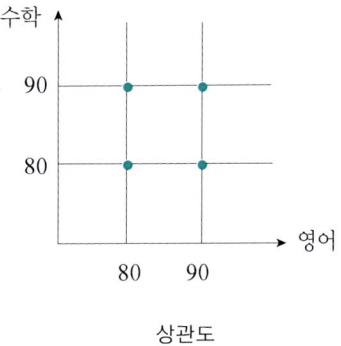

영어\수학	90	80	합계
90	6	3	9
80	5	7	12
합계	11	10	21

상관표   상관도

이제 앞의 문제로 돌아가서 올바른 풀이를 살펴보면 다음과 같다.

> 평균이 90 이상이 되려면 두 시험 점수의 합계가 180점 이상이면 된다. 따라서 100+100, 90+100, 90+90, 100+80의 경우를 모두 조사해야 한다. 따라서 2+3+6+1=12(명)이다.

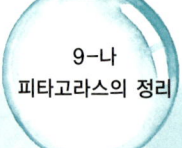

9-나
피타고라스의 정리

피타고라스가 나를 괴롭혀

수학시간에 '피타고라스의 정리'에 관해 배웠다.

선생님께서 이 정리를 수학적으로 만든 사람이 고대의 유명한 수학자 피타고라스이기 때문에 그의 이름을 붙인 것이라고 하셨다. 하지만 이 정리의 내용은 이미 피타고라스보다 1000년 이상 이전에 바빌로니아인들도 알고 있었다고 하셨다. 그런데도 피타고라스의 이름이 붙은 이유는 이 정리를 그가 처음으로 깔끔하게 증명했기 때문이라고 덧붙여주셨다.

그리고 현재까지 이 정리에 관한 증명이 무려 약 400여 가지에 이르고 있으니 우리에게도 도전해보라고 하셨다.

오늘부터 피타고라스의 정리에 대한 새로운 증명을 찾아볼까?

내가 정민이에게 피타고라스의 정리에 관한 새로운 증명을 찾기 위한 도전을 같이 하자고 했더니 "민정아, 그럴 시간이 있으면 피타고라스의 정리를 이용한 활용 문제나 하나 더 풀어보지 그래? 난 안 할래."

그래서 증명은 포기하고 피타고라스의 정리를 활용하는 방법을 더 공부하기로 했다.

그리고 집에 돌아와서 나는 이등변삼각형의 높이를 피타고라스의 정리를 이용해 풀어보기로 했다.

 다음 이등변삼각형의 높이를 구하여라.

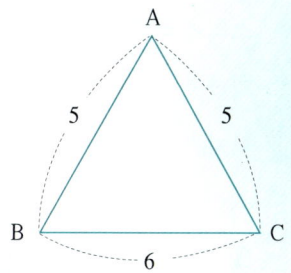

 이 삼각형의 꼭지점 A에서 밑변 BC에 수선 AH를 내리면 △ABH는 직각삼각형이 되므로 피타고라스의 정리에 의하여

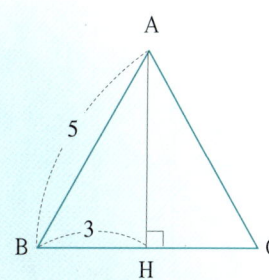

$$\overline{AH}^2 = \overline{AB}^2 + \overline{BH}^2$$
$$\overline{AH}^2 = 5^2 + 3^2 = 25 + 9 = 34$$
$$\therefore \overline{AH} = \pm\sqrt{34}\,(cm)$$

따라서, 이등변삼각형의 높이는 $\sqrt{34}$ cm이다.

과연 이게 답일까?
올바른 풀이는 241쪽에

 민정이는 피타고라스의 정리를 잘못 이해했다. 피타고라스의 정리는 직각삼각형에서 빗변의 길이의 제곱이 나머지 두 변의 길이의 제곱의 합과 같다는 것인데 빗변이 아닌 높이의 제곱인 $\overline{AH}^2$이 $\overline{AB}^2 + \overline{BH}^2$과 같다고 풀었다.
직각삼각형에서 직각을 낀 두 변의 길이를 a, b라 하고, 빗변의 길이를 c라 하면 $a^2 + b^2 = c^2$인 관계가 있다.

내가 뭘 어쨌다고?
난 다만 열심히 연구했을 뿐이라구.

피타고라스의 정리는 직각삼각형에 관한 것이다

직각삼각형에서 직각을 낀 두 변의 길이를 a, b라 하고, 빗변의 길이를 c라 하면 $a^2+b^2=c^2$인 관계가 있다. 이와 같은 성질을 피타고라스의 정리라 한다.

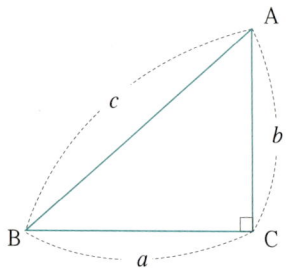

피타고라스의 정리가 성립하는 이유를 알아보자.

위의 직각삼각형 ABC의 빗변 AB를 한 변으로 하는 정사각형 GHBA의 넓이는 정사각형 EFCD의 넓이에서 합동인 4개의 직각삼각형의 넓이를 빼서 구할 수 있다. 즉,

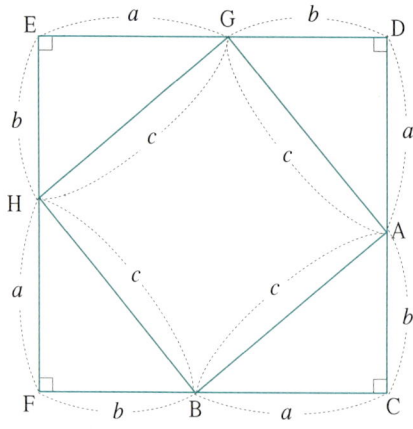

$$\square GHBA = (a+b)^2 - 4 \times \frac{1}{2}ab = a^2+b^2+2ab-2ab = a^2+b^2$$

그런데 $\square GHBA = c^2$ 이므로 $a^2+b^2=c^2$ 이 성립한다.

피타고라스의 정리에 대한 증명은 아주 많이 있다. 여기에서 피타고라스가 증명한 방법 이외에 재미있고 쉬운 방법을 하나 소개한다.

다음 그림은 12세기에 인도의 수학자 바스카라가 제시한 증명 방법이다. 바스카라는 이 그림을 그리고 '보라!'는 말 이외에는 더 이상 설명하지 않았다.

간단한 대수로 바스카라가 제시한 그림으로부터 피타고라스의 정리가 성립함을 알 수 있다. 만약 c를 주어진 직각삼각형의 빗변이라고 하고 a와 b를 다른 두 변의 길이라고 하면

$$c^2 = 4 \cdot \frac{ab}{2} + (b-a)^2 = a^2 + b^2$$

이 성립한다.

피타고라스의 정리는 고대 인도와 중국의 문헌에서도 찾아볼 수 있다. 특히 중국의 수학책인 《주비산경》에서는 이 정리가 '구고현의 정리'라는 이름으로 소개되고 있다. 구(勾), 고(股), 현(弦)이란, 직각삼각형에서 직각을 낀 두 변 가운데 짧은 변을 '구', 긴 변을 '고', 빗변을 '현'이라 이르는 데서

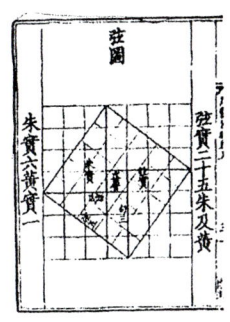

《주비산경》 중의 피타고라스 정리에 관한 도해

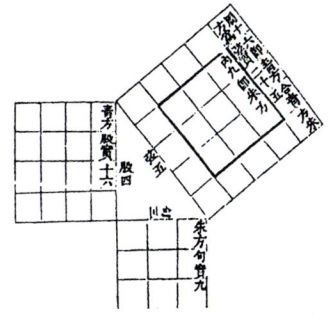

《구장산술》 중의 피타고라스 정리에 관한 도해

나온 말이다. 이 책에 수록된 구고현의 정리는 수식이나 기하학적인 도형이 따로 없는 한 장의 그림으로 정리의 내용과 증명을 동시에 나타내고 있다.

피타고라스의 정리는 정사각형의 넓이에 관한 것이 아니고 직각삼각형의 세 변 사이의 관계임에 유념해야 한다. 또한 $a^2 + b^2 = c^2$을 만족하는 자연수 a, b, c를 피타고라스 3쌍이라고 한다.

피타고라스의 정리를 이용하면 직사각형과 정사각형의 대각선의 길이를 쉽게 구할 수 있다.

예를 들어, 한 변의 길이가 a인 정사각형의 대각선의 길이를 x라 하면 피타고라스의 정리를 이용하여 다음과 같이 구할 수 있다.

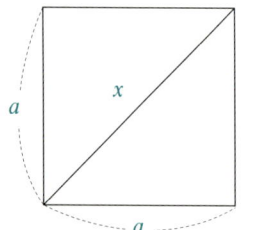

$$a^2 + a^2 = x^2$$

따라서 $x^2 = 2a^2$이므로 $x = \pm\sqrt{2}\,a$. 그런데 x는 길이이므로 정사각형의 대각선의 길이는 $\sqrt{2}\,a$이다.

피타고라스의 정리를 이용하면 좌표평면 위의 두 점 사이의 거리를 구할 수 있다. 예를 들어 좌표평면 위의 두 점 A(2, 3), B(-2, 1), 사이의 거리를 구해보자.

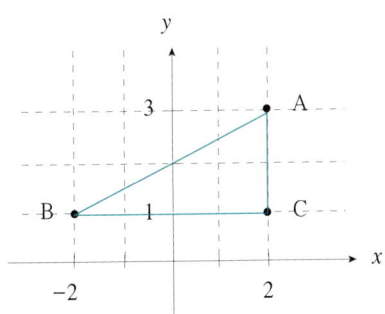

위의 그림과 같이 좌표축에 평행한 선분 AC, BC를 각각 그려서 직각삼각형 ABC를 만들면 점 C의 좌표는 (2, 1)이다. 피타고라스의 정리에 의하여

$$\overline{AB}^2 = \overline{BC}^2 + \overline{AC}^2 = 4^2 + 2^2 = 20$$

그런데 $\overline{AB} > 0$이므로

$$\overline{AB} = \sqrt{20} = 2\sqrt{5}$$

피타고라스의 정리를 활용하면 다음 그림과 같은 반원 P와 반원 Q의 넓이가 반원 R의 넓이와 어떤 관계가 있는지 알 수 있다. 즉, 빗변을 지름으로 하는 반원의 넓이는 다른 두 변을 각각 지름으로 하는 두 반원의 넓이의 합과 같다.

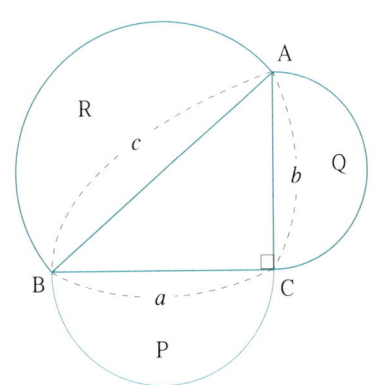

위의 그림은 직각삼각형 ABC의 세 변을 각각 지름으로 하는 반원을 그려서 그 넓이를 P, Q, R이라 놓은 것이다.

그러면

$$P + Q = \frac{1}{2}\pi\left(\frac{a}{2}\right)^2 + \frac{1}{2}\pi\left(\frac{b}{2}\right)^2 = \frac{\pi}{8}(a^2 + b^2)$$
$$R = \frac{1}{2}\pi\left(\frac{c}{2}\right)^2 = \frac{\pi}{8}c^2$$

피타고라스의 정리에 의하여 $a^2 + b^2 = c^2$이므로, P+Q=R인 관계가 성립한다. 특히 피타고라스의 정리를 이용하면 세 변의 길이가 주어진 삼각형의 넓이를 구할 수 있다. 삼각형의 넓이를 구할 수 있다는 것은 많은 종류의 다각형의 넓이를 구할 수 있다는 것이므로 반드시 알아두어야 할 내용이다. 삼각형의 세 변의 길이를 알 때, 적당한 보조선을 그으면 직각삼각형을 얻을 수 있고, 또 보조선을 그어서 주어진 삼각형의 높이를 피타고라스의 정리를 이용하여 해결할 수 있다.

예를 들어 세 변의 길이가 13, 14, 15인 삼각형 ABC의 넓이를 구해보자.

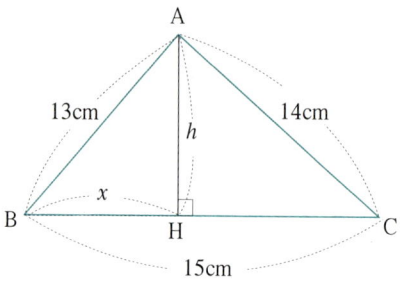

△ABH는 직각삼각형이므로

$$13^2 = x^2 + h^2 \quad \cdots\cdots ①$$

△ACH도 직각삼각형이므로

$$14^2 = h^2 + (15 - x)^2 \quad \cdots\cdots ②$$

①과 ②에서 h^2을 소거하면

$$14^2 = (13^2 - x^2) + (15-x)^2$$
$$196 = 394 - 30x$$
$$\therefore \quad x = 6.6$$

따라서 h는 $h = \sqrt{13^2 - 6.6^2} = 11.2$

그러므로 삼각형의 넓이는 $\dfrac{15 \times 11.2}{2} = 84$이다.

피타고라스의 정리 $a^2 + b^2 = c^2$으로부터 직각삼각형에서 두 변의 길이를 알면 나머지 한 변의 길이를 구할 수 있다. 피타고라스의 정리는 이 이외에도 직육면체의 대각선의 길이, 원뿔의 높이와 부피, 정사각뿔의 높이와 부피 등 여러 가지 경우에 이용되므로 반드시 숙달해서 사용할 수 있어야 한다.

앞에서 주어진 문제를 올바로 풀면 다음과 같다.

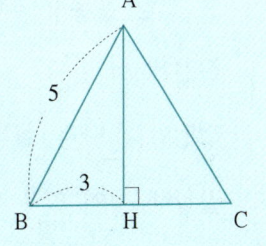

삼각형의 꼭지점 A에서 밑변 BC에 수선 AH를 내리면 △ABH는 직각삼각형이 되므로 피타고라스의 정리에 의하여

$\overline{AH}^2 = \overline{AB}^2 - \overline{BH}^2 = 5^2 - 3^2 = 25 - 9 = 16$

$\therefore \overline{AH} = \pm 4$

그런데 $\overline{AH} > 0$이므로 $\overline{AH} = 4$(cm)이다.

따라서 이등변삼각형의 높이는 4cm이다.

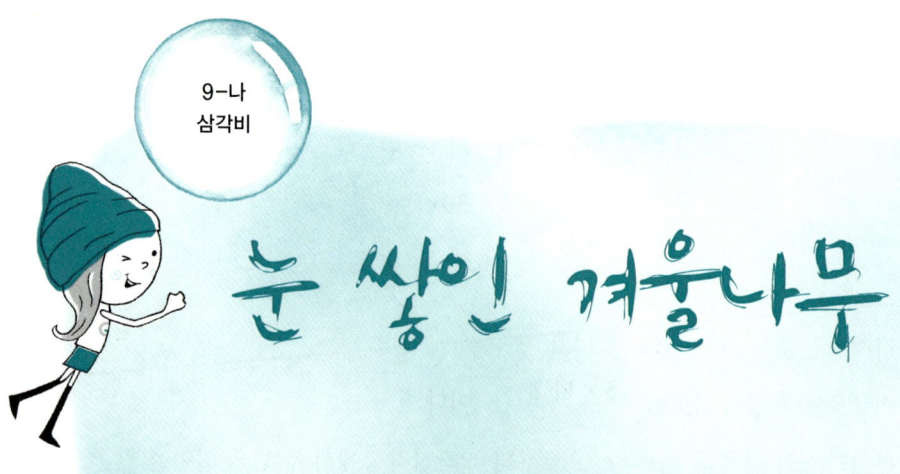

9-나
삼각비

눈 쌓인 겨울나무

오늘은 하루 종일 눈이 오고 있다.

교실에서 바라보이는 눈 쌓인 운동장은 어쩐지 포근해보인다.

이제 며칠이 지나면 겨울 방학이 된다. 그래서 그런지 오늘은 너무 쓸쓸하다.

눈 쌓인 운동장 주변으로는 하얀 옷을 입은 것처럼 커다란 나무들이 힘겹게 서 있다.

정민이와 나는 쉬는 시간에 운동장에 나와 겨울나무 밑으로 갔다.

감상에 젖어 있을 때 갑자기 눈 더미가 나를 덮쳤다. 온통 눈을 뒤집어 쓴 나는 마치 눈사람이 된 것 같았다. 저만치서 정민이가 깔깔 거리며 도망가고 있었다.

내 기분을 온통 깨트리고 도망가는 정민이.

두고보자.

운동장을 가로질러 교실로 들어오는데 흰 눈옷을 입고 서 있는 겨울 나무가 눈에 들어왔다.

'저 나무의 높이는 얼마일까?'

 아래 두 나무의 높이를 구하여라.

 (1) $\tan 30° = \dfrac{x}{\overline{BC}}$ 이므로 $x = \overline{BC}\tan 30°$.

따라서 $x = 6 \times \dfrac{1}{\sqrt{3}} = 2\sqrt{3}$ (m)

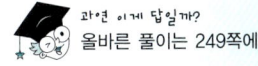
과연 이게 답일까?
올바른 풀이는 249쪽에

(2) $\sin 60° = \dfrac{x}{\overline{AB}}$ 이므로 $x = \overline{AB}\sin 60°$.

따라서 $x = 8 \times \dfrac{\sqrt{3}}{2} = 4\sqrt{3}$ (m)

 민정이는 삼각비를 잘못 이해했다. 그림 (1)에서 $\tan 30° = \dfrac{x}{\overline{BC}}$가 아니고 $\dfrac{\overline{BC}}{x}$이고, 그림 (2)에서 $\sin 60° = \dfrac{x}{\overline{AB}}$가 아니고 $\dfrac{\overline{BC}}{\overline{AB}}$이다.
삼각비에 관련된 문제를 쉽게 풀기 위해서는 사인, 코사인 그리고 탄젠트의 정의와 특수각에 대한 각각의 삼각비의 값을 반드시 기억해야 한다.

(1)

(2)

아래 그림에서 △ABC, △AB'C', △AB''C'', △AB'''C''' 는 모두 ∠A를 공통으로 하는 직각삼각형이므로 서로 닮은 도형이다. 따라서 대응변의 길이의 비가 같으므로 다음이 성립한다.

$$\frac{a}{c}=\frac{a'}{c'}=\frac{a''}{c''}=\frac{a'''}{c'''}, \quad \frac{b}{c}=\frac{b'}{c'}=\frac{b''}{c''}=\frac{b'''}{c'''}, \quad \frac{a}{b}=\frac{a'}{b'}=\frac{a''}{b''}=\frac{a'''}{b'''}$$

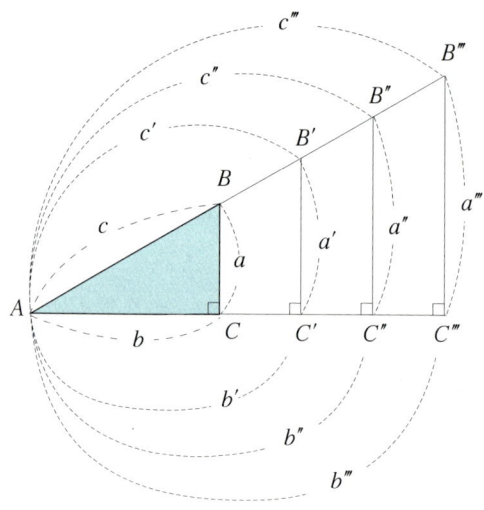

이 사실로부터 ∠C가 직각인 직각삼각형 ABC에서 ∠A의 크기가 정해지면, 직각삼각형의 크기에 관계없이 두 변의 길이의 비, 즉

$$\frac{\overline{BC}}{\overline{AB}}, \quad \frac{\overline{AC}}{\overline{AB}}, \quad \frac{\overline{BC}}{\overline{AC}}$$

의 값은 각각 일정함을 알 수 있다.

이때, 일정한 비의 값 $\dfrac{\overline{BC}}{\overline{AB}}$ 를 ∠A의 사인이라 하고, 기호로 sinA로 쓴다.

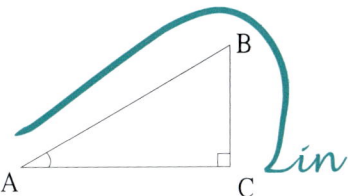

또, $\dfrac{\overline{AC}}{\overline{AB}}$ 를 ∠A의 코사인이라 하고, 기호로 cosA로 쓴다.

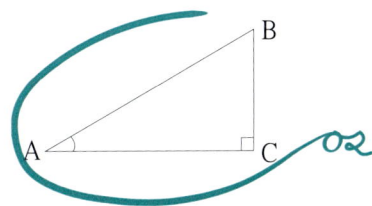

마지막으로 $\dfrac{\overline{BC}}{\overline{AC}}$ 를 ∠A의 탄젠트라 하고, 기호로 tanA로 쓴다.

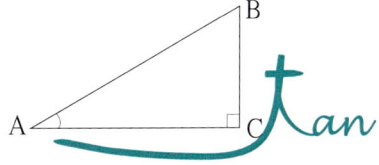

이때 sin A, cos A, tan A를 ∠A의 삼각비라고 한다.

245

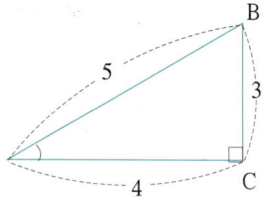

이를 테면, 위의 그림에서 ∠A와 ∠B의 삼각비를 구하면 각각

$$\sin A = \frac{\overline{BC}}{\overline{AB}} = \frac{3}{5}, \quad \cos A = \frac{\overline{AC}}{\overline{AB}} = \frac{4}{5}, \quad \tan A = \frac{\overline{BC}}{\overline{AC}} = \frac{3}{4}$$

$$\sin B = \frac{\overline{AC}}{\overline{AB}} = \frac{4}{5}, \quad \cos B = \frac{\overline{BC}}{\overline{AB}} = \frac{3}{5}, \quad \tan B = \frac{\overline{AC}}{\overline{BC}} = \frac{4}{3}$$

임을 알 수 있다.

이제 특별한 경우의 삼각비에 대하여 알아보자.

먼저 45°인 경우를 알아보자.

다음 그림과 같이 두 변의 길이가 1인 직각이등변삼각형 ABC의 빗변의 길이는 피타고라스의 정리에 의하여 $\sqrt{2}$이다.

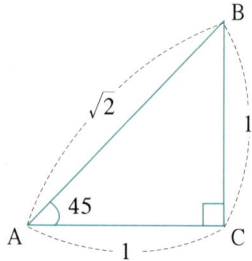

따라서 45°의 삼각비는 다음과 같다.

$$\sin 45° = \frac{\overline{BC}}{\overline{AB}} = \frac{1}{\sqrt{2}} = \frac{\sqrt{2}}{2}, \quad \cos 45° = \frac{\overline{AC}}{\overline{AB}} = \frac{1}{\sqrt{2}} = \frac{\sqrt{2}}{2}, \quad \tan 45° = \frac{\overline{BC}}{\overline{AC}} = \frac{1}{1} = 1$$

이번에는 60°의 삼각비의 값을 알아보자.

옆 그림과 같이 한 변의 길이가 2인 정삼각형을 이등분하면 한 각의 크기가 60°인 직각삼각형을 얻는다. 이때, $\overline{BC}$의 길이는 피타고라스의 정리에 의하여 $\sqrt{3}$이다. 따라서 60°의 삼각비의 값은 다음과 같다.

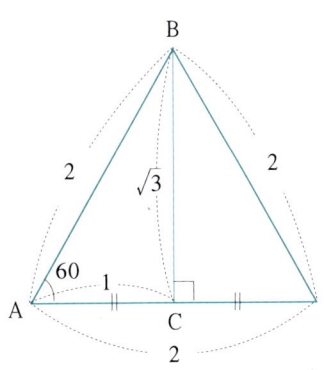

$$\sin 60° = \frac{\overline{BC}}{\overline{AB}} = \frac{\sqrt{3}}{2},\ \cos 60° = \frac{\overline{AC}}{\overline{AB}} = \frac{1}{2},$$
$$\tan 60° = \frac{\overline{BC}}{\overline{AC}} = \frac{\sqrt{3}}{1} = \sqrt{3}$$

마찬가지 방법으로 다음 그림에서 ∠A=30°이므로 30°의 삼각비의 값은 다음과 같다.

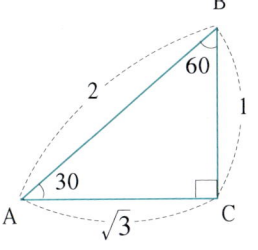

$$\sin 30° = \frac{\overline{BC}}{\overline{AB}} = \frac{1}{2},$$
$$\cos 30° = \frac{\overline{AC}}{\overline{AB}} = \frac{\sqrt{3}}{2},$$
$$\tan 30° = \frac{\overline{BC}}{\overline{AC}} = \frac{1}{\sqrt{3}} = \frac{\sqrt{3}}{3}$$

30, 45, 60 대한 삼각비 표로구나

삼각비 \ ∠A	30°	45°	60°
sinA	$\frac{1}{2}$	$\frac{\sqrt{2}}{2}$	$\frac{\sqrt{3}}{2}$
cosA	$\frac{\sqrt{3}}{2}$	$\frac{\sqrt{2}}{2}$	$\frac{1}{2}$
tanA	$\frac{\sqrt{3}}{3}$	1	$\sqrt{3}$

중요하므로 반드시 기억하라고.

이제 0°와 90°의 삼각비의 값에 대하여 알아보자.

다음 그림과 같이 직각삼각형 AOB에서 ∠AOB가 0°에 가까워지면 $\overline{AB}$는 0

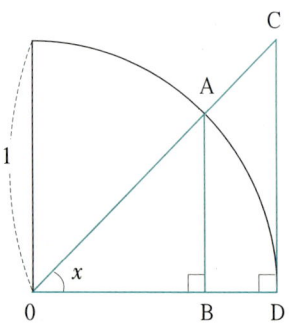

에 $\overline{OB}$는 1에 $\overline{CD}$는 0에 가까워진다. 또 ∠AOB가 90°에 가까워지면 $\overline{AB}$는 1에 $\overline{OB}$는 0에 가까워진다. 그러나 $\overline{CD}$는 한없이 커진다. 따라서 0°와 90°의 삼각비의 값은 다음과 같다.

$$\sin 0°=0, \quad \cos 0°=1, \quad \tan 0°=0, \quad \sin 90°=1, \quad \cos 90°=0,$$

$$\tan 90°은 \ 값을 \ 정할 \ 수 \ 없다$$

삼각비를 더 잘 이해하기 위하여 예각에 대한 삼각비의 값을 구할 수 있는 도구를 하나 만들어보자.

먼저, 두꺼운 종이에 반지름의 길이가 일정한 사분원을 그리자. 여기서는 간단히 10cm로 정하자. 이때, 10cm을 여기서는 1로 정하자. 그리고 원의 둘레에 0°부터 90°까지 각을 표시한 후에 오려내자.

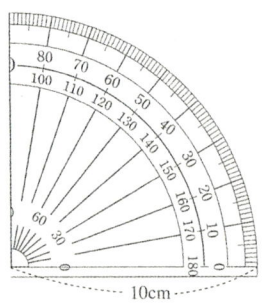

이번에는 투명한 셀로판지에 10cm의 길이를 1로 하고 10등분한 자 두 개를 만든다.

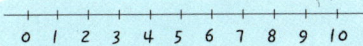 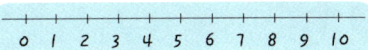

위에서 만든 사분원과 투명한 자 두 개를 그림과 같이 사분원의 중심 O에 핀을 박아 고정시키고, 두 개의 자를 연결하여 A부분이 움직이도록 만들자. 그러면 $\overline{OA} = 1$이므로 ∠AOC= θ라 하면 $\overline{OC}$의 길이는 $\cos\theta$, AC의 길이는 $\sin\theta$이다. 이것을 이용하여 앞에서 구한 여러 가지 각에 대한 삼각비의 값을 구할 수 있다.

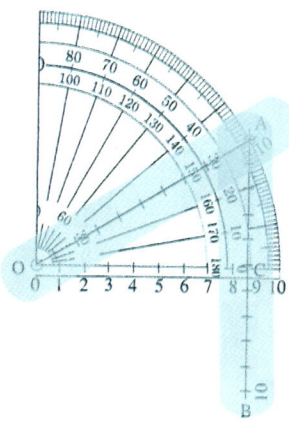

마지막으로 앞에서 주어진 문제를 풀어보자.

(1) 삼각형의 내각의 합은 180°이므로 ∠B=60°이다.

$$\tan 60° = \frac{x}{\overline{BC}} 이므로 \ x = \overline{BC} \tan 60°$$

따라서 $x = 6 \times \sqrt{3} = 6\sqrt{3}$ (m)

(2) 삼각형의 내각의 합은 180이므로 ∠B = 30이다.

$$\sin 30° = \frac{x}{\overline{AB}} 이므로 \ x = \overline{AB} \sin 30°$$

따라서 $x = 8 \times \frac{1}{2} = 4$ (m)

쉬어가기

가로 세로 열쇠를 이용하여 다음 퍼즐을 풀어보아라.

가로열쇠

a. $\sqrt{4} \times 7$ 은?

b. $\frac{1}{7} \times \frac{2}{3}$ 의 분모는?

d. $13\frac{3}{4} + 18\frac{1}{4}$ 은?

e. $\frac{1}{3}$ 과 $\frac{9}{17}$ 를 통분했을 때 분모는?

f. $\sqrt{(-9)^2} \times 10\frac{2}{3}$ 은?

세로열쇠

a. 96의 $\frac{1}{8}$ 은?

c. $1\frac{7}{12} = \frac{?}{12}$

d. $(-2 \times 3) \times 2 \times (-3)$ 은?

e. $\frac{3}{7}$ 과 $\frac{5}{8}$ 의 공통 분모는?

g. $(\sqrt{4})^2 \times \sqrt{(-4)^2} \times 4$ 는?

h. 52의 $\frac{5}{6}$의 $\frac{3}{5}$는?

j. $\sqrt{256} \times 3$ 은?

k. $4\frac{4}{15} \times 60$ 은?

m. $88 \times \frac{3}{2}$ 는?

n. $(\sqrt{(-2)^2})^2 \times 21$ 은?

p. $3^2 \times \sqrt{3^2}$ 은?

r. $6\frac{3}{4} = \frac{?}{8}$

t. $\sqrt{36}$ 번째 소수는?

u. $\sqrt{4^2} \times \sqrt{(-4)^2}$ 은?

v. $\frac{15}{2} \times \frac{16}{5}$ 는?

w. 95의 $\frac{2}{5}$ 는?

h. $\frac{7}{2} \times 810$ 은?

i. 2645의 $\frac{3}{5}$ 는?

j. $6^2 + \sqrt{(-5)^2}$ 은?

l. 다섯 번째 소수 두 개와 그 소수보다 1 적은 수의 합을 두 배 하면?

o. $(-5)^2$ 은?

p. $5\frac{1}{2} + 9\frac{1}{3} + 8\frac{1}{6}$ 은?

q. $14 \times 4\frac{5}{7}$ 은?

s. $\sqrt{\frac{1}{4}}, \sqrt{\frac{1}{9}}, \sqrt{\frac{16}{49}}$ 의 공통분모는?

u. $\sqrt{(-2)^2 \times (-3)^2}$ 은?

| 정답 |

가로열쇠… a(14), b(21), d(32), e(51), f(96), h(26), j(48), k(256), m(132), n(84), p(27), r(54), t(13), u(16), v(24), w(38)

세로열쇠… a(12), c(19), d(36), e(56), g(64), h(2835), i(1587), j(41), l(64), o(25), p(23), q(66), s(42), u(18)

251